科学家带我去探索丛书

寻踪普氏原羚

XUNZONG PUSHI YUANLING

——动物学家带我去探索

李春林 著

人民教育出版社
PEOPLE'S EDUCATION PRESS

图书在版编目（CIP）数据

寻踪普氏原羚：动物学家带我去探索 / 李春林著．—北京：人民教育出版社，2015.4（2020.12重印）

（科学家带我去探索丛书）

ISBN 978-7-107-25405-5

Ⅰ.①寻… Ⅱ.①李… Ⅲ.①羚羊—中国—青少年读物 Ⅳ.① Q959.842-49

中国版本图书馆CIP数据核字（2015）第198025号

科学家带我去探索丛书　寻踪普氏原羚——动物学家带我去探索

出版发行　人民教育出版社

（北京市海淀区中关村南大街17号院1号楼　邮编：100081）

网　　址　http://www.pep.com.cn

经　　销　全国新华书店

印　　刷　北京盛通印刷股份有限公司

版　　次　2015年4月第1版

印　　次　2020年12月第4次印刷

开　　本　787毫米 ×1 092毫米　1/16

印　　张　8.75

字　　数　167千字

定　　价　26.90元

审 图 号　GS（2014）2191号

丛书顾问：牛灵江　韦志榕　杨　刚　金玉俊
丛书主编：黄海旺
执行主编：吴秀山　张军霞
作　　者：李春林
摄　　影：吴秀山　蒋志刚　李春林　吴永林　郭　耕
唐继荣　李忠秋　平晓鸽　雍严格　李　谦
朱　京　包春莹　马胜春　石润芳　张军霞
责任编辑：张军霞
美术编辑：王　喆
装帧设计：王　喆　王　艾
插图绘制：北京心合文化有限公司
天域北斗数码测绘科技有限公司

特约审稿　蒋志刚

序言

《全民科学素质行动计划纲要(2006－2010－2020年)》展现了我国提高全民科学素质的宏伟蓝图和坚强决心。纲要中指出，公民的基本科学素质包括："了解必要的科学技术知识，掌握基本的科学方法，树立科学思想，崇尚科学精神，并具有一定的应用它们处理实际问题、参与公共事务的能力。"《科学家带我去探索丛书》涉及生命科学、物质科学、地球与空间科学三大科学领域的内容。在这套丛书中，每册书有一个具体的研究主题，叙述了一位或一组在某一科学研究领域内有成就的科学家围绕研究任务展开的科学考察或科学研究活动，揭示了一个科学问题的真实探究过程。书中以事件发生的先后顺序为线索，依次介绍科学考察或科学研究活动的科学设想、前期准备、考察或研究过程、分析方法、研究成果等，使读者了解科学研究选题是如何提出的、科学家怎样做准备、在考察或研究中如何做记录、怎样分析资料形成研究成果。

本丛书首次全部从中国现代科学家中取材，特别是选择一批有成就的中青年科学家，使读者能够看到我们身边的、活生生的科学家与科学团队。本套丛书一方面使读者能够理解，在现代中国，科学研究是一个通过努力人人都可以从事的职业；同时，也向公众展现了积极进取、勇于奉献、以苦为乐的现代中国科学家形象。读者从中认识到科学并不神秘，科学探究是每个人都可以做的，从而使读者理解科学的本质。

在每本书中虚拟了两名学生，从学生的视角展开叙述，让读者从一个特定的视角去观察、体验。比如，书中的这些学生通过参加科学夏令营活动，对一位科学家或一个科学工作小组的研究工作产生了浓厚的兴趣，之后跟随科学家进行科学探究活动。在探究过程中不断产生疑问并努力解决问题，遇到困难并勇敢地战胜困难。这样，使科学考察或研究方法、科学知识更加通俗易懂。

书中呈现大量真实而有价值的照片和图解说明，其中包含丰富的信息，如科学研究方法、科学仪器的使用、拓展的科学知识等等，也使读者既如临其境，又便于理解。每册书最后有科学家寄语。科学家或研究小组借助寄语表达他们对青少年读者的期望与鼓励。

本套丛书可以配合学校科学课程，成为科学教学中有极大参考价值的课程资源。这一特点体现为：

●丛书的内容选自三个科学领域，这与我国现行的科学课程标准相对应；

●丛书以科学家进行探究的过程为线索，具有探究性，符合现行科学课程标准强调的探究式学习理念；

●丛书展现了科学研究是一项需要与人合作、需要多方支持的事业。有利于学生理解现行科学课程标准中所倡导的合作学习的理念。

相信青少年读者通过阅读本套丛书，能够受到科学的熏陶，产生对科学研究的兴趣，甚至产生从事科学研究的美好理想。

中国科协科普资源共建共享办公室主任
中国青少年科技辅导员协会常务副理事长

目 录

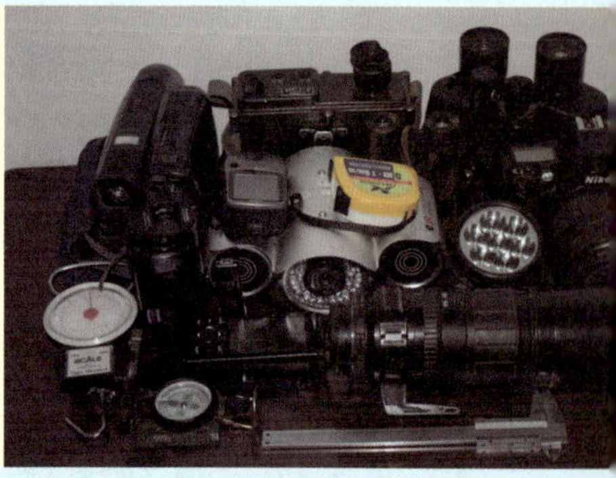

人物介绍

蒋志刚

中国科学院动物研究所野生动物与行为生态研究专家，博士研究生导师，多年从事动物行为、生物多样性、保护遗传学及自然保护区规划等方面的研究。是中国濒危物种科学委员会、世界自然保护联盟物种生存专家委员会的专家。2006 年获得英国自然保护领域内的最高奖项——惠特莱奖，这是首位华人获此殊荣。

李春旺

动物生态学博士。师从蒋志刚教授，主要研究普氏原羚等珍稀动物的行为、生态和保护。

羽 文

对自然科学知识非常痴迷，是班级里的小科学家。全家人都喜爱动物，关心野生动物。

小 琪

是个精灵古怪的小姑娘。善于观察，善于提出科学问题，并颇有主见和同情心。

小普羚

我是一只快乐的小羚羊，美丽的青海湖畔是我的家乡。但是我的父母却整天忧心忡忡。他们告诉我，祖辈的家园范围很广，但是现在，我们面临很大的生存压力，只能生活在青海湖畔。读完这本书，希望你会了解并关心生活在青海湖周边的我们。

1 走进科学夏令营

期末考试前一个月，班主任王老师就向我们透露了暑期科学夏令营的活动安排，其中有我最向往的参观国家动物博物馆的活动，于是当即报名参加。由于平时对野生动物了解得比较多，我被选为科学夏令营的小队长。

当个小队长，让我感到很兴奋，爸爸妈妈也为我感到骄傲。期末考试一结束，爸爸就张罗着对我进行科普教育，为我走进科学夏令营做充足的准备。

1.1 参观国家动物博物馆

这是个晴朗的早晨。前一天傍晚的大雨洗涤了空气的燥热，朵朵白云飘浮在湛蓝的天空上，缕缕凉风拂面，让人感到十分惬意。我们在王老师的带领下，怀着激动的心情来到向往已久的国家动物博物馆。

此时，等待已久的李春旺博士已笑容满面，走下台阶，热情地跟我们打招呼。春旺哥哥专门从事野生动物保护方面的研究。他是王老师的大学同学，在我们来博物馆之前，王老师就已与他联系好，让他在我们参观的时候做一些讲解。春旺哥哥是一个随和健谈的人，我们这样一群叽叽喳喳的准六年级小学生很快就和这位大哥哥熟识起来。他热情洋溢地给我们介绍了博物馆的情况以及参观的注意事项。

走进博物馆，首先映入眼帘的便是那具超级巨无霸——蓝鲸模型，同学们围绕着这具蓝鲸模型左看右看，惊叹之声不绝于耳。

濒危动物展厅里，各种各样的羚羊、鹿等大型草食性动物标本栩栩如生，或在仰头张望，或在健步奔驰，或在卧地小憩……依据这些动物标本的标本牌，我们认识了这些可爱的朋友：

角硕大向两边平展的是能行走于悬崖峭壁的岩羊；

角粗壮而盘曲的是盘羊；

长着两支长长犄角的就是大名鼎鼎的藏羚羊；

毛色发红，很像黄牛的是赤斑羚；

长有大喉结的叫鹅喉羚；

体型硕大但表情和善的是牛羚；

长着树枝一样大角的是著名的四不像——麋鹿；

具有梅花状斑点的就是大家熟知的梅花鹿；

……

大家都很喜欢这些可爱的动物，争先恐后地和它们合影，并争相告诉别人自己所了解到的关于它们的知识。

麋鹿
梅花鹿
赤斑羚
牛羚
盘羊

嗨！我是小普羚，这些动物都是濒危动物啊！
藏羚羊
岩羊
野驴

岩羊

偶蹄目，洞角科，岩羊属。雄性和雌性都有角，但雌性的角很短。栖息在海拔 2 100 ~ 6 300 米之间的高山裸岩地带，有较强的耐寒性。青藏高原特有种，国家二级保护动物。

▲藏羚羊

偶蹄目，洞角科，藏羚属。雄性具竖琴状角，雌性无角。有迁徙习性，每年夏季迁往几十千米或几百千米以外的地方产仔。生活在中国青藏高原。国家一级保护动物，被称为“可可西里的骄傲”。

盘羊

偶蹄目，洞角科，盘羊属。雄性角特别大，呈螺旋状扭曲一圈多。盘羊是典型的山地动物，喜在半空旷的高山裸岩带及起伏的山间丘陵生活，栖息在海拔 1 500 ~ 5 500 米左右的中亚山脉中。国家二级保护动物。

赤斑羚

偶蹄目，洞角科，斑羚属。雌雄都有一对黑色角，短而圆。栖息于 2 000 ~ 4 000 米的空旷区或林缘多岩陡坡山地。我国西藏东南部至云南西部都有分布。国家一级保护动物。

鹅喉羚

偶蹄目，洞角科，羚羊属。与蒙古瞪羚的体形相似，雄性在发情期喉部肥大，状如鹅喉。栖息于海拔 2 000 ~ 3 000 米的高原开阔地带。在我国新疆、青海、内蒙古西部和甘肃等地有分布，在新疆的数量较多。国家二级保护动物。

▲牛羚

偶蹄目，洞角科，牛羚属。是一种大型古老物种，常栖息于2 500米以上的高山森林、草甸地带，冬季又迁移至2 500米以下的针叶林中的多岩区，主要以草、树叶及花蕾为食。我国西南、西北有分布。国家一级保护动物。

麋鹿

偶蹄目，鹿科，麋鹿属。面似马、角似鹿、尾似驴、蹄似牛，被人们叫做“四不像”。到19世纪时，只剩下北京南海子皇家猎苑内的一群。后被八国联军捕捉并从此在中国消失。1983年，部分个体送回中国。之后有更多的麋鹿回归家乡，并有部分被放生野外。国家一级保护动物。

梅花鹿

偶蹄目，鹿科，鹿属。遍布鲜明的白色梅花斑点，故称“梅花鹿”。生活于森林边缘或山地草原地区，以青草树叶为食，好舔食盐碱。主要分布于中国、日本和俄罗斯。国家一级保护动物。

看着这些动物的标签说明，我不禁非常疑惑，头上长两根角的动物长得都比较像，为什么有的叫羊，有的叫牛，有的又叫羚呢？

“春旺哥哥，它们的名字有的叫羊，有的叫牛，有的叫羚，这是为什么？”

“羽文提的问题很有意思。你们大家想了解吗？”

“想啊。”

“那我来给你们讲讲。”

于是春旺哥哥详细地给我们讲了起来。

原来，这些长得比较像的动物，在分类上都属于偶蹄目。为什么叫偶蹄目呢？因为它们的脚趾都是偶数。相应的，在动物分类上，还有奇蹄目。

赤斑羚（偶蹄）

麋鹿（偶蹄）

马来貘（奇蹄）

藏野驴（奇蹄）

中空牛角

这些牛、羊、羚的角都是中空的，都属于“洞角”，在动物分类上，它们都是洞角科的。很早的时候，利用中空的洞角，人们就做出了能发出各种独特声音的号。“号角”一词就是这么来的。

通常所说的牛，属于牛亚科。牛亚科体型较粗壮，不善于奔跑。雌雄都有角，角的截面为圆形或三角形。

通常说到的羊是家养的绵羊与山羊。除了家养的羊外，在自然界中还存在许多野生的羊。

春旺哥哥从随身带着的平板电脑中调出一张表格。

“你们来看，野生羊分别属于洞角科的羊亚科与羚羊亚科。两个亚科下面又分属，属下面又分种。这个表格中的动物是在我国分布的 10 种羊亚科动物和 5 种羚羊亚科动物。”

亚科	属	种
羊亚科 Caprinae	羊　属 Capra	北山羊 *Capra ibex*
	盘羊属 Ovis	盘　羊 *Ovis ammon*
	岩羊属 Pesudois	岩　羊 *Pesudois nayaur*
		倭岩羊 *Pesudois schaeferi*
	塔尔羊属 Hemitragus	喜马拉雅塔尔羊 *Hemitragus jemlahicus*
	斑羚属 Naemorhedus	斑　羚 *Naemorhedus caudatus*
		赤斑羚 *Naemorhedus cranbrooki*
		鬣　羚 *Naemorhedus sumatraensis*
		台湾鬣羚 *Naemorhedus swinhoei*
	藏羚属 Pantholops	藏羚羊 *Pantholops hodgsoni*
羚羊亚科 Antilopinae	原羚属 Procapra	藏原羚 *Procapra piceicadata*
		蒙古瞪羚 *Procapra gutturosa*
		普氏原羚 *Procapra przewalskii*
	羚羊属 Gazella	鹅喉羚 *Gazella subgutturosa*
	高鼻羚羊属 Saiga	高鼻羚羊 *Saiga tararica*

“斑羚属居然是羊亚科的，不是羚羊亚科的！”小琪惊讶地说。

“是啊，其实山羊和羚羊都属于广义上的羚羊。”春旺哥哥说。

1.2 初识普氏原羚

“春旺哥哥，您刚才介绍的这些动物都是国家一二级保护动物。它们的数量现在很少了吗？”小琪问。

“野外适宜它们生存的环境越来越少了。分布在我国的 5 种羚羊亚科动物，有一种在野外已经灭绝了。”春旺哥哥伤心地说。

“啊！哪一种？”

“高鼻羚羊。”

大家看着春旺哥哥电脑屏幕上高鼻羚羊的照片，心中沉重起来。

“不过，现在我国又从国外引进了一些高鼻羚羊，在甘肃和新疆半散养着。”

“目前，地球上大部分动物的濒危与人类有直接或间接的关系。或是人类直接猎杀了动物；或是使用农药、杀虫剂等化学药品毒害了动物；或是侵犯和破坏了动物的栖息地，使栖息地不再适合原有动物的生存。”春旺哥哥顿了顿，接着说：“还有一种仅在我国有分布的动物已处在濒危的边缘，这里没有它的整体标本，动物标本库里有 3 只头骨标本。”

▲高鼻羚羊

偶蹄目，洞角科，高鼻羚羊属。别名又叫赛加羚羊。鼻骨高度发育并向下卷曲，鼻孔长在最尖端。生活于荒漠、半荒漠地带。由于其角可作名贵药材，长期遭到大量捕杀，中国境内已多年没有发现高鼻羚羊的野外种群。1987年，高鼻羚羊被重新引入中国。目前在甘肃武威濒危动物繁育中心有200余只。国家一级保护动物。

中国动物研究所标本库

“它叫什么？”大家齐声问。

“普氏原羚。”

“普氏原羚？”小琪问道：“春旺哥哥，这种羚羊的名字怎么这样奇怪？”

“怎么奇怪了？”春旺哥哥没有急于回答，而是为了激发同学们的思考，有意地问道。

“老师告诉过我们，‘氏’是姓氏的意思，古代的一些只知姓不知名的人，我们只能用他们的姓，例如‘张氏、李氏’来称呼。这只羚羊的名字中也有一个‘氏’，难道说‘普’是它的姓吗？”

我告诉春旺哥哥她叫小琪，是我们班的小才女。

“你真是一个勤于思考的孩子，哈哈，”春旺哥哥笑道，“它确实姓普……”

“可是中国人很少有姓普的，为什么这只中国特有的羚羊姓普呢？”没等春旺哥哥说完，我也迫不及待地表示了我的疑问，有几位同学也有同样的疑问。

“嗯，很好，大家都很善于思考，”春旺哥哥表扬道，“姓氏‘普’是外文音译过来的。”

同学们疑惑不解，为什么中国特有的羚羊没有一个中国的名字，而需要使用它的外国名字呢？

春旺哥哥从大家微蹙的眉头看出了大家的疑惑，于是微笑着接着说道：“它是一百多年前一位俄国探险家在我国内蒙古鄂尔多斯草原首次发现的。在科学研究上，新发现动物以发现者的名字命名，以纪念他对科学的贡献。比如普氏原羚，发现它的这位探险家叫普热瓦尔斯基，所以，它就有了‘普’这个姓氏了。”

原来是这样。大家都似懂非懂地接受了这样的答案。有些同学还在思考，有些同学准备参观下一个展厅。

“这普氏原羚呀，全世界只有一千多只了，它可是比大熊猫还稀有！”

普氏原羚的头骨标本

春旺哥哥的一句话，立刻引起了同学们的好奇心，大家都希望春旺哥哥能再多说说普氏原羚的故事。

“这给大家留作暑期作业吧。”王老师不免有点扫大家的兴。“同学们回去查查相关资料，弄清楚这种动物的历史吧。”

“对对对，”春旺哥哥说，“这也给你们一个锻炼的机会，下次再见面的时候，我也想听听你们查阅的结果呢。”

接下来，我们继续参观了爬虫展厅、蝴蝶展厅、鸟类展厅，等等，虽然这些展厅展出了各式各样精彩的生灵，时时引发同学们的惊叹之声，但我却一直难以忘记那些生活在高原上的动物，还有那带有外国姓氏的中国特有动物——普氏原羚。

临近中午，我们结束了参观，在回程的校车上，同学们热烈地讨论着博物馆里的见闻和自己的感受。

小琪和我坐在一起。她默不做声，似乎在思考着什么。我试探地问她，原来她也在想着那濒临灭绝的普氏原羚。

知识链接

动物标本有哪些类型

为了长期保存动物的特征，人们采取各种方法，对动物整体或部分进行制作处理，就成为动物标本。

按观察方式的不同，动物标本可划分为两大类型。一种是适于用肉眼直接观察的，属于宏观动物标本；一种是需要借助于放大镜或显微镜进行观察，属于微观动物标本。

微观动物标本主要是用载玻片和盖玻片制成的玻片标本。宏观动物标本包括浸制标本、剥制标本、骨骼标本、干制标本等等。

浸制标本是浸泡在化学药品中的动物标本。盛装浸制标本的玻璃瓶盖要用石蜡密封，以防保存液蒸发。

剥制标本是将动物的皮完整地剥下来，将皮内部填塞不易腐烂的其他物体，再将动物的皮缝合，恢复动物本来的姿态。在自然博物馆、学校动物标本馆及动物科普展览中可以见到的剥制标本主要是哺乳类和鸟类。

骨骼标本是将动物的完整的骨骼经过脱水、脱脂、漂白等处理后制成的标本。

干制标本是将含水较少的小型动物或动物外壳，如昆虫、贝壳和甲壳类等，干燥后制成完整或部分的标本。

鸽骨骼标本

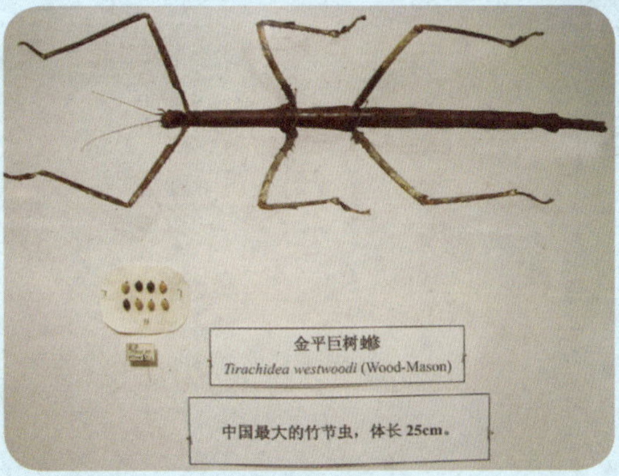

昆虫干制标本

鱼浸制标本

普氏原羚

偶蹄目，洞角科，原羚属。雄羚长有一对具有环棱的黑色硬角，角尖相向内弯，角长约 30 厘米，角的下半段粗壮，近角尖处显著内弯而稍向上，末端形成相对钩曲。国家一级保护动物，列入世界自然保护联盟 2009 年红色名录极危级动物。

普氏原羚还能生存多久，尚难定论。该物种很可能在我们了解其生态、进化和遗传特征之前，即从我们这个星球上永远消失。

——蒋志刚，1995

2 高原上美丽的精灵在哭泣

2.1 查阅资料

从动物博物馆回到家里，我立刻打开电脑，上网查阅有关普氏原羚的资料，看到了下面的地图和记述。

1875年普氏原羚分布地区

普氏原羚曾经广泛分布于内蒙古、宁夏、甘肃及青海。由于人类活动影响及栖息地恶化，该物种的数量下降，分布区范围锐减。现在，普氏原羚只有一千多只，分布于中国青海省青海湖盆地及周边地区，主要分布在天峻县和共和县。

普热瓦尔斯基（1839–1888）

1875 年，俄罗斯探险家普热瓦尔斯基（Nocolei M. Przewalskii）在中国内蒙古鄂尔多斯草原上发现普氏原羚。

普热瓦尔斯基是俄国的情报军官，同时也是优秀的博物学家。为了绘制军事地图，他的足迹曾到达中国的东北、新疆、内蒙古、青海和西藏。怀着对中国西部，特别是对拉萨的浓厚兴趣，普热瓦尔斯基于 1870 年开始了他对中国西部的探险。他的驼队从北京出发，历经风沙和饥渴，走过蒙古高原，穿越茫茫的阿拉善和鄂尔多斯荒漠，沿着河西走廊进入青藏高原，并深入西藏腹地。

普热瓦尔斯基带回俄国的普氏原羚标本，
命名时，采用了普热瓦尔斯基的姓 przewalskii

在搜集了大量的军事情报，绘制了战略地图的同时，普热瓦尔斯基还收集了大量的动植物标本。1875 年，普热瓦尔斯基在内蒙古西部的鄂尔多斯高原发现了普氏原羚，并将普氏原羚标本带回了俄国科学院，为普氏原羚的发现和分类作出了贡献。

在翻阅了更多的资料之后，我得知，尽管有很多优秀的科学家在研究普氏原羚，尽管针对普氏原羚有很多保护措施，但目前它的数量依然很少，

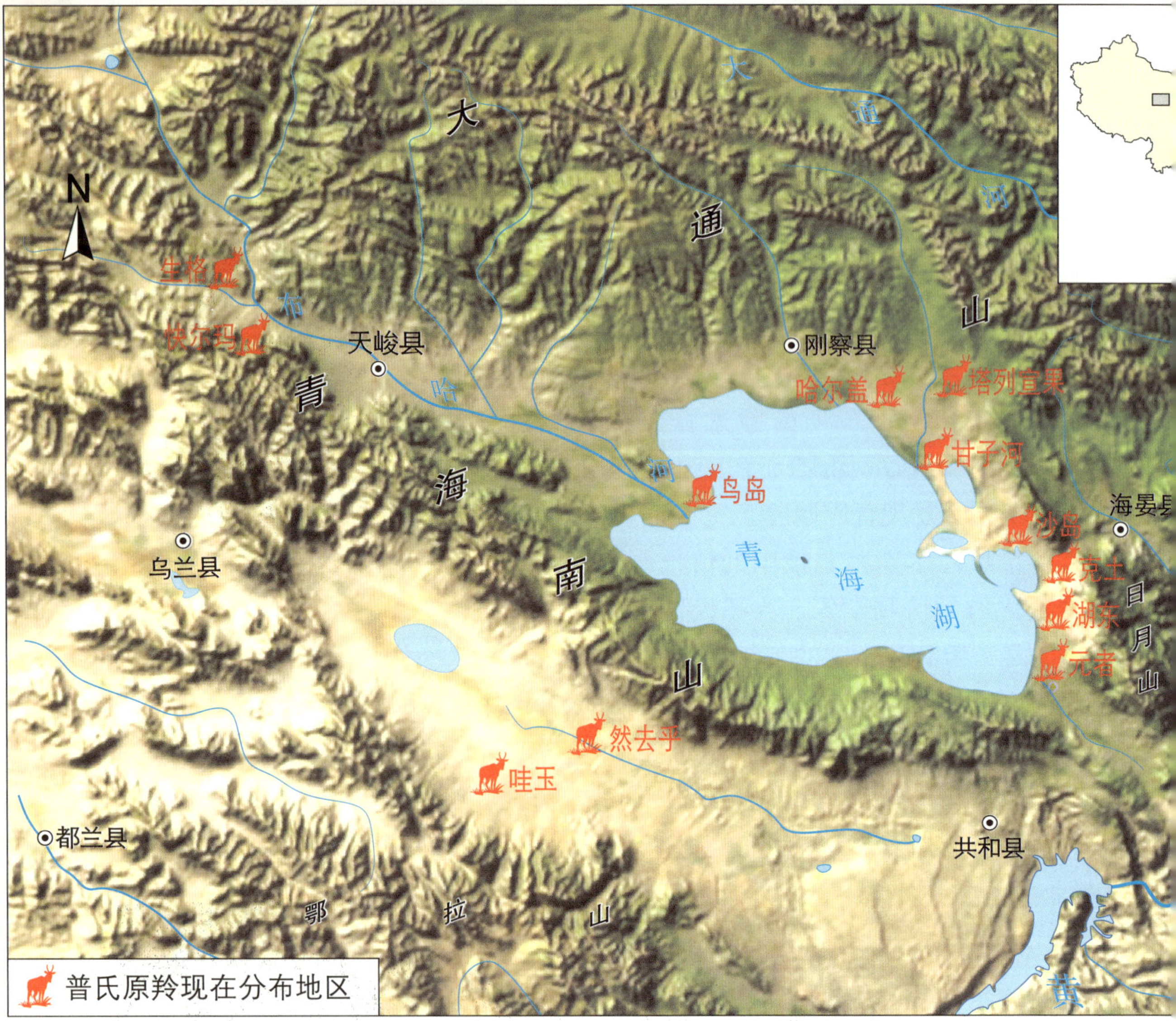

是中国乃至亚洲最稀有的一种羚羊。同时，它的生存依然受到了很多因素的影响。比如，食物质量在下降，适于活动的范围在缩小，与牧民、牛羊的食物竞争在加剧，草原上的铁丝围栏给它造成直接的伤害，草原上的大型猛兽也经常捕杀普氏原羚及其幼仔。

往日里，虽然我在爸爸收集的影片里了解了丰富多彩的野生动物世界，对它们充满了兴趣，然而，对普氏原羚这一高原上的精灵我却闻所未闻。而当我第一次得知有这样一种美丽的动物时，它却在无声无息中即将走向灭绝。

翻看着动物学家和摄影师拍摄的普氏原羚照片，一方面为这一高原舞者矫健的身影所着迷，另一方面却为一幕幕惨状而难过。很多普氏原羚被草原围栏挂死，又有很多被捕杀，而幸存的可怜儿们却又只能在沙漠的边缘勉强维持生命。

我坐在电脑前，默默无语，盯着屏幕。

“吃饭啦，羽文！”妈妈的说话声打断了我的思绪，她在催促我吃晚饭了。

“来了！”我把思考带进了厨房。

妈妈看了看我问道：“在想什么呢？心不在焉的？”

“是不是暑假作业遇到了难题？”爸爸下班回来并没有发现我在查阅普氏原羚的相关资料。“有什么不懂的，尽管问老爸！老爸当年可是班长哩！哈哈。”

“老爸，你听说过普氏原羚吗？”

“什么？”

“普氏原羚！一种羚羊。”

“没听说过，哪个国家的？不是中国的吧？”

尽管老爸对野生动物很感兴趣，看了不少这方面的影片和资料，但他对普氏原羚也压根儿没有了解。没办法，我只好把我在动物博物馆里的见闻以及下午查到的资料向爸爸作了介绍。

爸爸饶有兴致地听着，时而点头，时而紧蹙双眉。他也被这种可爱的动物的悲惨身世所吸引，端着饭碗跑到电脑前，边吃边翻看我还没有关掉的网页。

“这爷俩还真是一对！饭都不好好吃！”妈妈嗔怪道。话虽如此，她自己也端着饭碗过来了。

“这真是一种可爱而又悲惨的动物，怎么我之前没有听说过呢？”爸爸似乎在自言自语。

“羽文从动物博物馆回来，整个下午都在查阅这种动物的资料，都快变成专家了。”妈妈说。

“要是它们在大自然中还有很多就好了，我们就可以在自然界中欣赏到它们了。唉……”我叹道。

“就是呀，这么美丽的动物，怎么能让它灭绝呢！”妈妈接着说道。

“要是能在青青草原上亲眼见到这些舞者的身姿该多好啊！”我像诗人一样向往着。

“嗯，那感觉肯定不同凡响！”爸爸也很想亲眼见到这些可爱的生灵。

爸爸时常跟我们讲述野生动物的故事，也时常提到研究这些动物的科学家，像达尔文、珍尼·古道尔、乔治·夏勒和郑作新等等。每每此时，爸爸都是眉飞色舞的，讲得生动逼真，就像他自己在做这些研究工作一样。从他的神态里，我知道爸爸和我们小孩子一样，都对大山大河里的生灵充满了神秘感，对研究这些动物的科学家充满了敬意。

是啊，正是这些坚韧不拔的动物学家，让我们了解到我们所生活的地球上丰富多彩的生命。

2.2 小琪的好消息

几天以后，小琪给我打电话，告诉了我一个好消息。周末在国家动物博物馆里有一个科普讲座，重点介绍我们共同关注的普氏原羚，报告人是我国著名的动物学家蒋志刚先生。

“蒋伯伯可是研究普氏原羚将近二十年的大专家呀。这是个难得的机会，你去不去？周日下午两点半。”小琪问道。

“当然去！”有这样的好机会，当然不能错过。我想爸爸可能也会去的。

“这是我妈妈告诉我的，她看到了这个报告的预告。”小琪补充道。

“那咱们不见不散啊！”

当我把这个消息告诉爸爸妈妈时，果然，他们都表示十分愿意陪我一起去参加这个讲座。

2.3 与动物学家初次相识

在查阅普氏原羚相关资料的时候，我也了解了蒋先生的事迹，对他二十几年如一日的科研工作深深地钦佩。这次能有机会近距离认识蒋先生，心里不免激动万分。

讲座开始前半小时，我们一家三口就到达了动物博物馆。小琪和妈妈也很快到达。

讲座开始前，主持人介绍了蒋先生和这次讲座的目的。由于讲座是科普和公益性的，所以来的人很多，其中不乏专家、动物爱好者，还有一些小朋友。

“大家好，很高兴能在这里与大家一起探讨中国野生动物保护的话题。”蒋先生一边快步地走上讲台，一边微笑着开始了简单的开场白，之后便直奔主题：“我们知道中国地大物博，野生动物非常丰富，其中，哺乳动物 670 种，并列世界第 1 位；鸟类 1 367 种，比欧洲或北美洲的所有鸟类还多……而在这么丰富的野生动物中，有很多物种的数量在急剧下降，

成为我们所说的濒危动物。这其中又有很多物种是我国特有的动物，比如我们所熟知的大熊猫和藏羚羊等。今天，我所要讲述的动物虽然没有它们的名气大，但却更加珍稀，它就是普氏原羚。”

“我们从 1994 年开始系统研究普氏原羚。当时野外的数量不到 300 只。现如今，我们对它的生物学特征、行为和生存状况等都了解得比较清楚了。最近一次的野外调查是在 2003 年进行的，当时的数量是 602 只。时隔十年的时间，青海湖地区发生了很多变化，普氏原羚的数量会有怎样的变化？分布范围是扩大了还是缩减了？保护工作又将面临哪些新的挑战？这都是我们一直关心的问题，搞清楚这些问题对于有效地保护普氏原羚是至关重要的。因此，我们计划下个月再开展一次野外调查，弄清楚普氏原羚这十年来的数量和分布变化，以及它们受到什么因素的影响。”

一个小时左右的时间，蒋先生深入浅出地为我们展示了中国野生动物的现状，重点讲述了普氏原羚的保护。报告结束后，蒋先生亲切地回答了听众的提问，其中也有许多小朋友的提问，我和小琪的一些疑问也得到了蒋先生的答复。

2.4 喜获普氏原羚野外考察机会

讲座结束后，听众逐渐散去，而我和小琪来到蒋先生的身边，请求与他合影留念。蒋先生欣然同意了我们的请求。

这么近距离地接触著名的科学家，对我来说还是第一次。而蒋先生的朴实与和蔼可亲一下子就拉近了我们的距离。

“蒋伯伯，您刚才说，下个月你们要再去青海调查普氏原羚，那是一个多么美丽的地方呀！能在大自然中亲眼见到这些可爱的羚羊奔跑，是一件多么幸福的事情呀！”小琪畅想道。

“是呀，小琪，野外的工作是十分有趣的。”

“我们能跟您一起去吗？”我大胆地问道。

“这个——”蒋伯伯感到有些为难，“野外考察是非常辛苦的，有时也会非常危险……”

“我们不怕辛苦，也会注意安全的，完全听从您的指挥！”我急切地说道。

蒋伯伯为难地看了看我的爸爸妈妈和小琪的妈妈，他们都带着期待的眼神注视着蒋先生，显然非常支持我和小琪参加蒋伯伯的科考队。

蒋伯伯沉吟了一会儿，然后下定决心似的说："带你们去可不是好玩的。但我相信，你们这些未来的小动物学家都有吃苦的精神，那我就带你们去吧！"

"太好了！"我和小琪真是兴奋极了。

"不过。"蒋伯伯接着说，"在此之前，你们得做充足的准备。包括了解普氏原羚的相关知识，以及野外考察时的注意事项。"蒋伯伯说着转向爸爸妈妈们："他们可是吃苦去了，最好你们能带着孩子们训练一下野外的生存技能。"

爸爸妈妈们都点头答应。

"在出发之前，春旺博士会跟你们保持联系，你们有任何问题，也都可以请他帮忙解决。他多年坚持到青藏高原研究普氏原羚，是个不折不扣的羚羊专家了。"

就这样，我们如愿以偿地获得了一次参加濒危野生动物野外考察的机会。

为了让我们在考察前更深入地了解普氏原羚，春旺哥哥给了我们一大堆有关普氏原羚和青藏高原的资料。

3 临行前的准备

那是 1994 年的圣诞节前后，从那时起，我们一步步地迈开了在高原研究普氏原羚的步子。

——蒋志刚，2004

自从得到蒋先生的应允，我和小琪的心情可想而知，别提有多兴奋了！

是呀，马上就要跟随著名的动物学家一起走进神秘的青藏高原，去探寻那矫健的羚羊，去聆听大自然的心声，还有什么能比这更激动人心的呢！旅程还未开始，我们的心早已飞越到那壮美的青青草原，仿佛看到了那欢快跳跃的羚羊，仿佛听到了晚归的牧人在夕阳的余晖下那嘹亮的歌声。

欣喜和兴奋之余，我和小琪都觉得，为了能在此次难得的考察中有所收获，我们应该做足准备，首当其冲的便是丰富我们对于普氏原羚的知识。

3.1 谜团重重

科学夏令营让我们在动物博物馆初次认识了普氏原羚，蒋伯伯的公益讲座让我们对它有了进一步的了解。可是，随着我们查阅更多的资料，我们被更多的谜团包围起来。于是，我和小琪决定带着我们查阅的资料去请教春旺哥哥。

“春旺哥哥，我们发现有些羚羊与普氏原羚长得很像呢。”一见到春旺哥哥，我赶紧把我们的发现告诉他。

“哦，你觉得哪些羚羊长得像普氏原羚呢？”春旺哥哥问。

“就是蒙古瞪羚、藏原羚，跟普氏原羚都是原羚属的。我看它们长得很像，真是很难区分呢。”小琪迟疑地说，“为什么不把它们算作一个物种呢？”

知识链接

种与亚种的概念

物种简称“种”，是生物分类的基本单位。物种是在自然条件下能够交配、并产生可育后代的群体。一个物种与其他物种在生殖上存在着隔离。例如，虎和狼属于两个物种，在自然条件下，虎和狼不能交配产生后代。亚种是指因地理分布不同、生殖隔离不完全、具有一定形态差异的同一物种。例如，东北虎、华南虎、孟加拉虎、印支虎和苏门答腊虎，即是现存的虎的五个亚种。品种的概念不同于种和亚种，它是指一个物种内具有共同来源和特有一致性状的一群家养动物或栽培植物。如宠物狗，都是狗这一物种，但有哈士奇、拉布拉多、松狮和京巴等等具有一定形态差异的不同品种。

春旺哥哥哈哈地笑道："它们虽然长得像，但是在自然条件下，它们却不会共同繁殖后代。所以各自当然是独立的物种了。"

"原来是这样啊。那怎么才能区分它们呢？"我问道。

春旺哥哥沉默了一小会儿，故作神秘地回答："要辨别它们可是有诀窍的啊。"

"什么诀窍？春旺哥哥您别卖关子了。"小琪着急地说。

春旺哥哥拿起一本影集，招呼我们一起看。"你们看，这是普氏原羚，这是蒙古瞪羚，是不是长得很像？"

我们点点头，等着春旺哥哥说下去。

"普氏原羚和蒙古瞪羚很容易混淆。其实，发现普氏原羚的普热瓦尔斯基也不知道普氏原羚会是另外一个物种。当年，他们的驼队从北京出发，途经内蒙古高原，沿途猎杀蒙古瞪羚为食。当他们穿过阿拉善高原，沿河西走廊到达美丽的青海湖畔时，射杀了一些类似于蒙古瞪羚的'黄羊'。他们将标本带回俄国，动物学家经过激烈讨论，认为它的亲缘关系与藏原羚较近，将它定为藏原羚的亚种。而后来，随着科学技术的发展，研究人员认为普氏原羚是一个独立的种，亲缘关系与蒙古瞪羚更近。这一发现逐渐被国内外专家认可。"

普氏原羚

▲蒙古瞪羚

偶蹄目，洞角科，原羚属。当地人叫它黄羊。我国境内的数量因偷猎等原因已十分稀少，目前主要分布于蒙古国。国家二级保护动物。

▼藏原羚

偶蹄目，洞角科，原羚属。体毛为灰褐色，腹部为白色。有一块较大的白色臀斑，因此俗称为“白屁股”。青藏高原特有种，国家二级保护动物。

“您还没说如何区分它们呢。”我提醒春旺哥哥。

春旺哥哥边翻影集给我们看照片，边做着详细的介绍。

原来要分辨这三种原羚，主要是看角形，其次看毛色和体型。

三种原羚的角上都有环形横棱，长短粗细也相差不太大，但是外形还是有明显差异。

普氏原羚的双角先平行向后，再向两旁张开，然后再相向钩曲，形成一个较大的弧度。

蒙古瞪羚的双角略微向后方逐渐斜向弯曲，虽然呈弧形外展，但不如普氏原羚的弯曲弧度大。角尖不像普氏原羚那样相对，而是向上。

藏原羚的双角基本上是直的，弯曲度小，远看像个倒八字。

普氏原羚的角

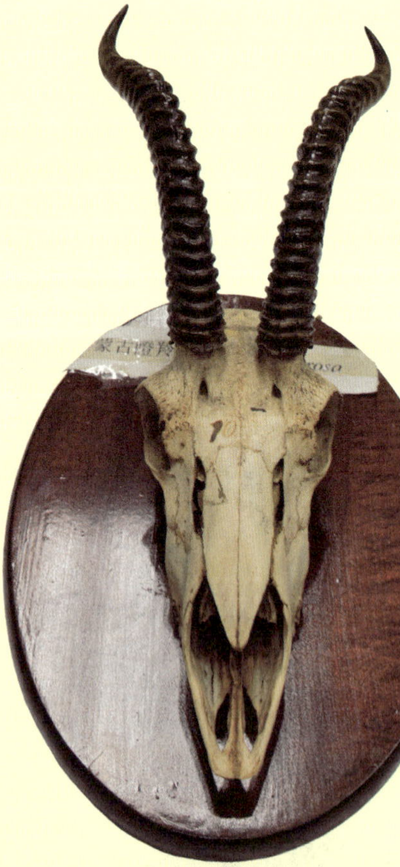

蒙古瞪羚的角

三种原羚的毛色也很相像，颜色与黄土的颜色接近，因此人们把它们都叫作“黄羊”。三种原羚都有“白屁股”。但是从毛色上还是能区分它们的。

普氏原羚在夏天时毛短而光亮，呈沙黄并略带赭石色。秋末换毛，冬季毛色较浅，略呈棕黄色或乳白色。四肢内侧和腹部的毛白色。尾巴棕黑色。

蒙古瞪羚的夏毛也较短，为红棕色。腹部和四肢的内侧为白色。尾毛棕色。冬毛密厚而脆，但颜色较浅，略带浅红棕色，并且有白色的长毛伸出，腰部毛色呈灰白色，稍带粉红色调。

藏原羚体毛灰褐色，腹部为白色，在阳光的强烈照射下，远看接近沙土黄色。藏原羚的白屁股——白色臀斑最大最明显，中间为黑色的尾巴。

藏原羚的角

三种原羚体毛

普氏原羚

蒙古瞪羚

藏原羚

三种原羚白色臀部

三种原羚的体型也比较接近。但是蒙古瞪羚比藏原羚和普氏原羚大，也略显粗壮。藏原羚体型比普氏原羚瘦小些，显得更为苗条。三者的大小关系如下。

除了外貌特征上的差异以外，还可以根据这三种羚羊的 DNA 来辨别它们。正是这种实验技术的发展，最终搞清楚我国五种羚羊的分类地位。

“春旺哥哥，我现在终于明白了这几种羚羊的辨认方法。但有一个问题，我一直搞不清楚。”小琪略有所思地说。

“什么问题？”春旺哥哥问道。

“我的问题是，在历史上，普氏原羚在我国的青海、甘肃、内蒙古和宁夏都有分布，而现在却只在青海湖周边才有，这是为什么呢？难道青海湖周边的环境比其他地方都要好吗？”

“哇，你俨然是一个大科学家啦！”我看着小琪严肃的神情，笑道。

“确实是一个非常好的问题，也是科学上的一个大问题！普氏原羚在历史上到底分布于哪些地方？为什么目前只在青海湖周边残存一些？等等，这些都是很有价值的问题。阐明这些疑问，对普氏原羚的保护实在是有着重大意义。可是回答这些问题，却又不是一件容易的事情。这些都需要动物学家们的继续努力。不过，我们可以做一些猜测，这在科学研究上叫作假说。”

五种羚羊分类的树状图

春旺哥哥喝了口水，接着说道："首先，普氏原羚在历史上精确的分布范围，我们无法得知，只有依据探险家和博物学家们收集的标本来大致判断。根据记载，这些标本采自中国的西北部，包括内蒙古西部的鄂尔多斯高原、甘肃西南部、黄河上游和青海湖等地。因此，虽然我们无法获得普氏原羚精确的历史分布图，但是我们知道了它曾广泛地分布于这些地区。现在只有青海湖周边地区残存一些普氏原羚，这之中的原因可能有多种。比如，其他地区的猎杀更严重，或者其他地区的环境条件如食物等不再适合普氏原羚的生存了。要回答这个问题我们还需要进一步的研究。此外，有研究人员认为，青海湖周边现存的普氏原羚并不是原先分布于此的，而是后来迁移过来的。那么，它们是从哪儿迁移过来的？原先生存于青海湖周边的那些普氏原羚又到哪里去了？青海湖以外的其他地区还有没有普氏原羚残存？我们相信，在不久的将来，这些问题都会有比较合理的解释，在此次的考察任务中，我们也会对上述问题有所涉及。"

原来科学家的大脑瓜里整天都在想这些有趣的问题。我们能认识世界上这么丰富的生物，了解它们的生存繁衍，全有赖于科学家们提出一个个科学问题，并着手解决它们。

3.2 为考察准备行囊

正当我们热烈讨论的时候，蒋伯伯走了进来。

“哦！你们来啦！”蒋伯伯面带微笑，向我们打招呼。

“嗯，蒋伯伯好！”我和小琪同时说道。

“春旺，给他们切个西瓜！”蒋伯伯说着便把手中提的大西瓜拿给春旺哥哥。

“好的，蒋老师。”

“野外考察很辛苦啊。小伙子、小姑娘，这些天你们要多多锻炼身体，保持健康强壮的体魄。我们在野外有时要走好长的路呢，腿走疼了，腰走酸了，蒋伯伯我背不动你们呀。哈哈！”

“放心吧，蒋伯伯，您看，我们都结实着呢！上次学校的运动会上，我还得了 800 米亚军呢。”小琪得意地说道。

“嗯，不错。你们要了解一下普氏原羚的生活习性。此外，叫春旺哥哥再给你们讲讲野外工作注意事项。”

“Yes, Sir！”我俏皮地打了个立正。蒋伯伯微笑地拍拍我的肩膀。

小琪拉着蒋伯伯说：“蒋伯伯，自从那天您答应带我们参加考察之后，我们回家就开始搜集普氏原羚的资料了。在春旺哥哥的帮助下，我们对普氏原羚已经有了更多的认识。”

“来，吃西瓜。”这时春旺哥哥已经把西瓜切好，给每人拿了一块。

“我们要不要准备一

些望远镜什么的野外设备？”小琪边吃西瓜边向蒋伯伯问道。

“这个倒是不需要你们准备，这些设备我们研究组里都有。到时，春旺哥哥会拿给你们的。你们只要带上个人的必需品就行了。出发前，我会再给大家讲讲此次考察的任务、注意事项，介绍所需的各种仪器设备。你们到时过来听一听。”

“OK！”我和小琪齐声答道。

“那好。你们多吃点儿西瓜啊。”

蒋伯伯因为有事，就回自己的办公室了。我们留在春旺哥哥的办公室里，继续听春旺哥哥给我们讲普氏原羚的一些故事，直到将近中午的时候才回家。

临走前，春旺哥哥说：“蒋老师刚才说过，我们出发前，会一起再讨论一下这次考察任务，到时候我给你们打电话。”

“谢谢春旺哥哥！”

回家以后，我和小琪开始了准备行动。一方面，我们继续整理和学习有关普氏原羚的资料，并时常在一块讨论；另一方面，我们也各自开始锻炼身体和准备行囊。

爸爸妈妈也积极地参与了进来。

每天下午，爸爸下班回来，不管有多累，都会督促我并陪我一起去操场跑步，锻炼身体，好让我在半个月之内身体素质有较大的提高。其实，我平时的锻炼也不少，基本上每天下午都会和好朋友们一起踢足球。不过，为了确保在此次野外考察中不拖后腿，我还是响应了爸爸的要求。

爸爸除了督促我锻炼身体以外，还积极地帮我查阅相关的资料，除普氏原羚的资料，还包括青藏高原，特别是青海湖周边地区的资料。比如，当地的气候、地理环境、人文环境，等等。

妈妈听到爸爸说青海湖昼夜温差大，就要买厚一点儿的冲锋衣；听说紫外线强度大，就要买防晒衣、防晒霜、帽子和墨镜。考虑到野外工作的需要，又要买结实点儿的背包和鞋子，以及便携洗漱用品，等等。

妈妈给这些物品都列了个清单。哇，一长串的清单！真是周到细致的妈妈呀！这些东西都将在我的野外考察中发挥极大的作用。

羽文青海考察必备用品清单

冲锋衣：用于抵御夜晚的寒冷；

防晒衣、防晒霜、帽子和墨镜：用于防止强烈的紫外线的灼伤；

结实的双肩背包：用于考察中背食物、饮用水和望远镜等设备；

便携洗漱包：盛装牙膏、牙刷、毛巾、梳子等；

……

3.3 出发前的最后准备

时间一天天地过去了，我和小琪按部就班地准备着。

临行前的一个星期，春旺哥哥通知我们，具体出发日期定在 8 月 2 日，要求我们在前一天的下午来办公室一起倾听蒋伯伯介绍考察的具体事宜。

在得知了具体出发日期后，我们的心情再也无法平静，期盼着那个激动人心的日子。

知识链接

野外考察中的设备

在生态学的野外考察中，会用到很多种专业仪器，随着技术的进步，使用的新仪器也越来越多，仪器的技术也越来越先进。在野外考察中，常用到的仪器有：GPS 接收机、罗盘、望远镜、照相机、摄像机、测距仪、采样瓶、卷尺、游标卡尺和录音笔等。

1. 激光测距仪
2. 卷尺
3. 望远镜
4. 照相机
5. 头灯
6. 照相机镜头
7. 游标卡尺
8. 罗盘
9. GPS 接收机
10. 秤
11. 摄像头
12. GPS 接收机
13. 录像机

8 月 1 日，蒋伯伯就考察的具体事宜做了详细的说明。此次考察任务由蒋伯伯带队，队员有春旺哥哥、我和小琪，到了青海湖还会有一名经验丰富的司机叔叔李师傅加入我们的队伍。

蒋伯伯交代好相关事宜之后，春旺哥哥便向我们展示了此次考察中所需的各种仪器设备，并演示了它们的操作方法。

在我们试用这些设备的时间里，春旺哥哥去了一趟医务室，为我们拿来了野外考察时必备的常用药品，如创可贴、百服宁、阿莫西林、吗丁啉、云南白药、藿香正气口服液和黄连素，等等。

万事俱备，只待出发！

创可贴

是人们生活中最常用的一种外科用药，具有止血、护创作用。

百服宁

用于治疗感冒发烧、关节痛、神经痛及偏头痛。

阿莫西林

用于治疗敏感菌所致的上、下呼吸道感染、皮肤软组织感染。

吗丁啉

用于消化不良，腹胀、嗳气、恶心、呕吐、腹部胀痛。

云南白药

传统中药。具有化瘀止血、活血止痛、解毒消肿的功效。

藿香正气

用于外感风寒、内伤湿滞或夏伤暑湿所致的感冒等。

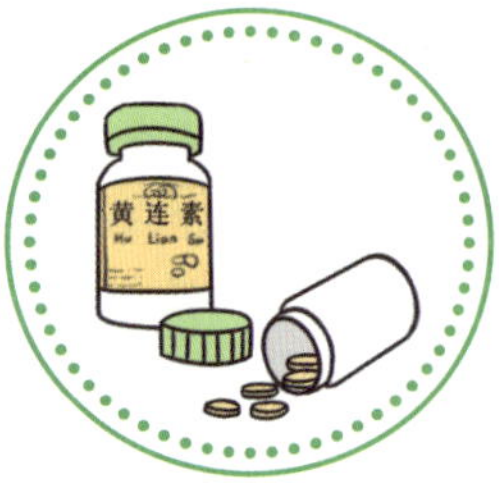

黄连素

对多种细菌如痢疾杆菌、结核杆菌、肺炎球菌等都有抑制作用，常用来治疗细菌性胃肠炎、痢疾等消化道疾病。

4 青海湖印象

今天，我们就要出发，前往那个向往已久的美丽地方，参加为期半个月的野外考察。

虽然火车的出发时间是下午一点多，但是，爸爸妈妈一早就起来为我再次检查收拾好的行装，然后，约上小琪和她的爸爸妈妈，早早地来到春旺哥哥的办公室集合。第一次出远门，我和小琪的心情激动万分，而爸爸妈妈们不免许多唠叨。

下午一点，我们准时上了火车。火车徐徐开动，透过车窗，我看到妈妈在擦拭着眼睛。我知道妈妈在心疼我，第一次出这么远的门，妈妈难免会牵挂。不过，我在心里暗暗地对妈妈说："妈妈，请放心，我一定会健健康康地回来，我一定带着收获回来。"我想小琪的心里也是这样想的吧。

4.1 初到夏都

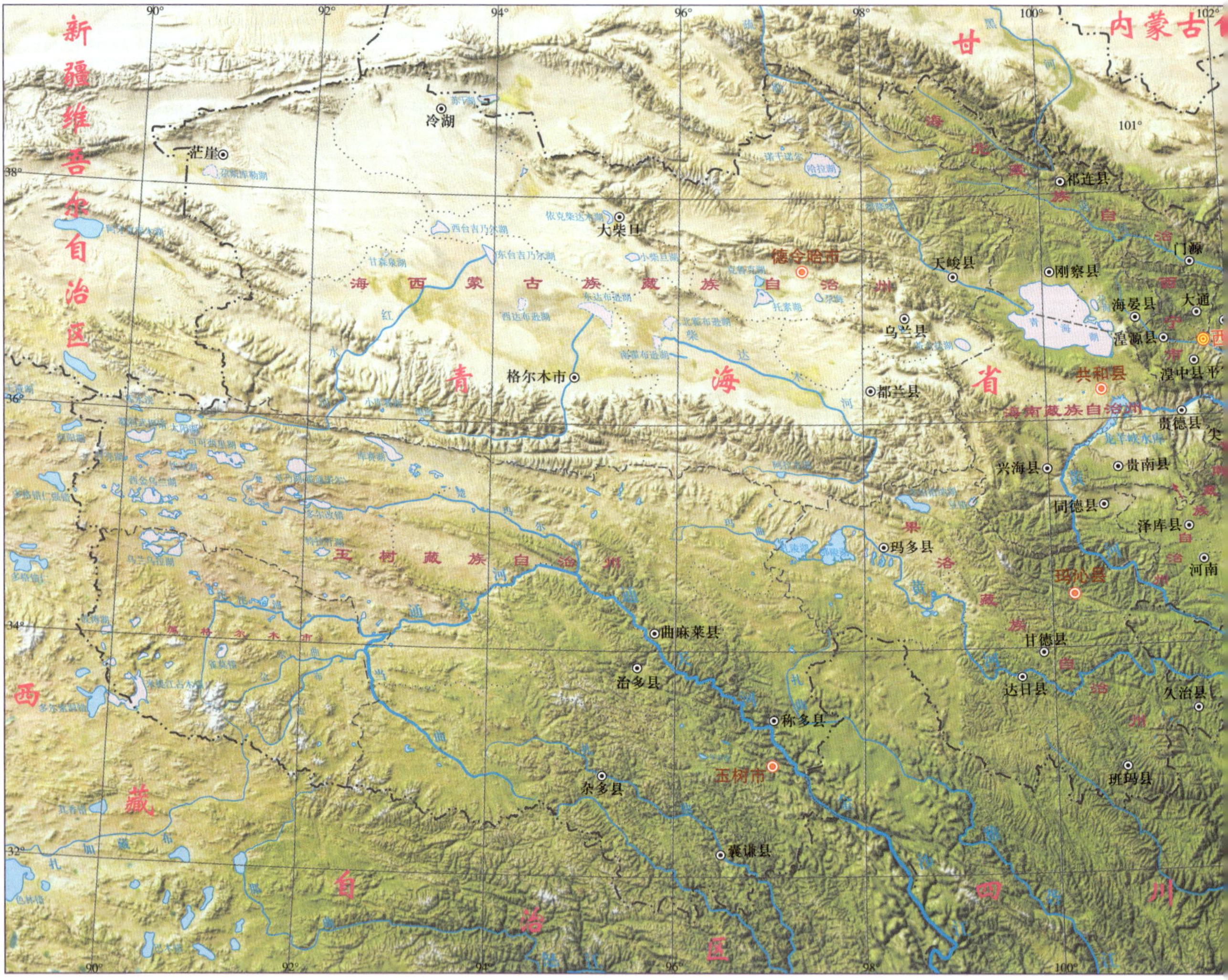

青海省地图

火车走了一天一夜。第二天下午，我们终于到达了青海省的省会西宁市。按计划，我们将在这里暂住一天，检查车辆，准备好补给，然后向青海湖进发。

西宁是一个不大的城市，整洁的街道上绿树成荫。这个季节的北京已然酷热难耐，而作为夏都，西宁的温度从来不会超过 30℃，你随时都可以感受到夏日的清凉。不过，你可不要在阳光下暴晒，这里的紫外线很强。春旺哥哥说，他第一次来这里时，脸都被晒烂了。

青海是一个多民族的省份，人数较多的民族有汉族、藏族、回族、土族和撒拉族等。在西宁的大街上，常见头戴白色小圆帽或头巾的回族人和操着藏语的藏族人。回族大叔开的羊肉店不时散发着诱人的香味，让我们好不流连；而身穿红色袈裟的藏族僧人，我和小琪也是第一次遇见，觉得很神秘。

很快，来接我们的李师傅就把我们送到了一个招待所。蒋伯伯说，他第一次来青海研究普氏原羚的时候就住这个招待所。这个招待所虽然陈旧了一点儿，不过，安全卫生。

明天，我们即将到达向往已久的青海湖。那是一个盛产传说、神话的地方。

4.2 风吹草低见牛羊

第二天，我们早早地起床了。

从西宁到青海湖，有一百千米左右的路程，只需要一个多小时即能到达，沿途的风景对于我和小琪来说真是新奇不已。

很快我们便来到了日月山，神秘的青藏高原便逐渐展现在我们的面前。对于生长在城市里的人来说，大草原的广阔是很难想象的，虽说出发之前，

我和小琪都已经从各个方面充分地了解了青海草原，而当草原真实地在我们面前展开画卷的时候，我们仍被惊呆了！以往对于草原的印象完全被打破，呈现在我们面前的是波澜壮阔的令人窒息的美。

时值盛夏，草原上徐徐的凉风仍在轻轻起舞，不时地抚弄漫山遍野的野花，迷乱了人们的双眼，分不清那天边究竟是朵朵白云还是成群的牛羊。牧人嘹亮的歌声从远处传来，惊起了一群百灵，轻舞飞扬，时而悬停半空，向心爱的伴侣展示婉转的歌喉。

在日月山顶，李师傅特意停下车来，让我和小琪尽情地呼吸这草原的清新空气。我和小琪欣喜地踏上软软的绿色地毯，轻轻地闭上双眼，尽情感受这天地的辽阔。

4.3 倒淌河

在日月山脚下，有一个小镇叫做倒淌河镇，因一条向西流入青海湖的小河而得名[注]。小镇的地理位置重要，来往车辆较多，是去往西部的必经之地。

日月山是当年唐朝与吐蕃王朝的天然分界线，有着悠久的历史。当年文成公主和亲松赞干布，就是由此进入西藏的。相传，文成公主在此停歇时，远望家乡，思念之情油然而生，不禁取出临行前皇后所赐的“日月宝镜”，镜中顿时闪现长安的迷人景象，公主悲喜交加，竟不小心把宝镜摔成

[注] 我国的河流多数是向东流的，而此河却向西流淌，所以人们叫此河为“倒淌河”。

两半，变为今天的日月山。随着继续西行，公主越发悲伤，正所谓“过了日月山，两眼泪不干”，思乡之泪最终汇为一条小河，即倒淌河。

如今，历史已经过去一千多年，文成公主并没有被我们忘怀。后人为了纪念这位伟大的公主，在倒淌河镇为她竖立了一尊雄伟的雕像。她那温柔的脸庞，始终微笑着迎接过往的人们。而古往今来，又有多少人理解她那温柔微笑背后的不舍？

4.4 与青海湖的第一次亲密接触

我们在倒淌河小镇与“文成公主”留影后，没有过多地停留，就向着青海湖进发了。这里离青海湖已经不远，我似乎已经闻到了她那清新的味道。

十多分钟后，我们远远地看到地平线上升起一线蔚蓝。蒋伯伯笑着说，我们快到了。

那一线蔚蓝逐渐地明显起来，并逐渐地变得宽阔。近了，近了！青海湖犹如一位美丽的少女，含着娇羞，慢慢地展现了她的风姿。

过不多久，美丽的青海湖已经完全展现在我们的面前，就像是海一样，蔚蓝蔚蓝的。

蒋伯伯指着车窗外的草原说：“这里就有普氏原羚了。十几年前，我第一次来这里的时候，这里的草比现在好很多，这一排房子都是去年才盖的。现在青海湖周边的人口增长很快，对普氏原羚的人为干扰非常大，目前普氏原羚的分布范围都被人类干扰压缩到牧草质量很差的地方。”说完，蒋伯伯叹了口气。

听说有普氏原羚，我们立即顺着蒋伯伯的指引向窗外望去，可是看到的只是青青草原和羊群，根本看不到普氏原羚。

蒋伯伯看到我们急切的样子，哈哈地笑着说：“现在还看不到普氏原羚，还要往里面走上几千米才能遇到呢。”

再往前走，拐个弯，我们就到了青海湖畔的环湖东路。我们从车里走出来，像个重获自由的人一样兴奋地奔向湖边。站在湖边，微风拂面，蓝

知识链接

咸水湖

咸水湖是指湖水含盐量较高的湖泊（一般含盐量1%以上为咸水湖）。通常是湖水不排出或排出不畅，蒸发造成湖水盐分富集形成的。咸水湖多形成于干燥的内流区。

青海湖，地处青海高原的东北部，西宁市的西北部，是我国第一大内陆湖泊，也是我国最大的咸水湖。青海湖面积达4 456平方千米，环湖周长360多千米，比著名的太湖大一倍多。我国境内的咸水湖还有罗布泊、纳木错等。

天白云，青草碧水，顿时感到心胸开阔，一切的烦恼都可以抛到九霄云外去。

小琪对蒋伯伯说：“我一直觉得科学家们都是在异常艰苦的环境中做研究，没想到你们也能享受这么美丽的草原风景。”

“自然界是狂野的，也是丰富多彩的。大自然的美景是对人类的馈赠，让人流连忘返，但并不是每个人都能轻易地享受这份奇妙的馈赠。研究野生动物给了我们更多的时间与大自然亲密接触，融入大自然，去感受她的

魅力。然而，野外工作可不是像现在这样欣赏风景，我们本次的工作还没有真正开始呢。在野外工作中，很多时候，会遇到各种各样的困难和孤独，你都必须克服和忍耐，坚定信心，踏踏实实地收集所需要的资料。”蒋伯伯说道，“不过，当你克服了这些困难，获得你所期望的资料，解决一个你想解决的问题时，你便会感到心满意足，所有的付出都是值得的。”

青海湖鸟岛

5 热情好客的藏族朋友

我们站在青海湖边，享受凉爽的草原之风时，几个藏族小伙，从湖边兴奋地策马飞奔而来，一边跑一边高兴地呼喊着春旺哥哥。等来到近前，他们跳下马来，与春旺哥哥拥抱在一起。春旺哥哥向惊讶得张着大嘴的我们介绍，这是才让本和他的几个朋友。春旺哥哥多次独自来青海湖开展普氏原羚的野外研究工作，这些都是他交下的热情的藏族朋友，他们给了春旺哥哥很多帮助。

才让本的家离此不远，他叫我们开车先去他家里喝茶，他随后就到。

不久，我们便来到了才让本的家里。他的父母对我们的突然到来感到非常意外和惊喜，但立即把我们请到家里坐下。

这是我和小琪第一次来藏族人家做客，对一切都很好奇。草原上人口稀少，这四周两千米的视野内也只能见到才让本家的屋子。为了防寒，屋子正面安装了一扇一米宽的玻璃门窗，这样就可以调节屋内的气温了。

草原上骑马的藏民

进入屋内，一排立柜摆在正面的墙边，透过洁净的玻璃窗可以看见里面供奉的藏传佛教中的神灵。屋子正中央，一个大炉子上放着几把茶壶。才让本的母亲正在准备给我们倒煮开的奶茶。炉子上竖立着一根烟囱，在屋顶开口，将烟排到屋外。烟囱口上绑着一根铁丝，铁丝上面顶着一个被剪了半截的易拉罐，易拉罐在炉子上升热气的作用下，像经轮一样沿逆时针方向不停地旋转。屋子的四周摆放着半新的桌椅板凳。

藏族人家屋内装饰

才让本的父母非常好客，给我们倒好奶茶后，又端来馍馍和各种糖果，并用藏语叫我们多吃点多喝点。

蒋伯伯和春旺哥哥跟才让本的父亲开始谈论今年的雨水。我和小琪也不顾大人们，就自顾自地喝起奶茶了。这奶茶真是香呀，说是牦牛奶煮的。牦牛奶不像黄牛奶那样高产，一头母牦牛每天只能产三四碗牛奶，可想而知，牦牛奶的品质是很好的了。

说话间，才让本欢快地闪进了家门。他因我们的到来而高兴不已，同时对我和小琪的到来也感到有些奇怪，不理解春旺哥哥为什么要带我们两个小孩子来这野外。他可不知道我们是来参加科学考察的呢。

奶茶喝得差不多了，我意外地发现碗里还有很多面粉样的东西，好奇地询问之后，才得知这是糌粑。李师傅是老青海了，他经常来藏族人家里做客，因此对藏族的风俗习惯如数家珍。他向我们演示如何搅拌糌粑。

煮奶茶的藏族妇女

在李师傅的帮助下，我和小琪也像模像样地搅拌起了糌粑。这糌粑还真是香味十足，虽然我和小琪做成的糌粑团没有李师傅做得好，但我和小琪还是吃得很香。瞧我们那狼吞虎咽的样儿！

藏族朋友都是非常好客的。当你在藏族朋友家里做客时，他们会拿出家里最好的东西来招待你，特别是当请你吃羊肉时，会挑最肥的给你，最肥的羊肉是给最尊贵的客人的。而且藏族朋友都非常勤快，春旺哥哥在青海湖这些年的野外工作中，都有藏族朋友的陪伴和帮助。春旺哥哥说，曾经有一位师兄在毕业前最后一次来青海湖时，与相处几年的藏族家庭告别，大家竟相拥而泣。

虽然我和小琪是第一次来到这么遥远的陌生的大草原，但我们也深切地感受到了家庭般的温暖。

"The least known gazelle in central Asia is the Przewalski's gazelle".（中亚大地上，最鲜为人知的羚羊是普氏原羚。）

—— George Schaller[注]，1998

知识链接

糌粑

"糌粑"，藏语的音译，意为炒面，是藏族牧民传统的主食之一。其制作过程简单：将青稞晒干炒熟，加工成面粉，食用前，取适量放入碗中，再放点酥油、曲拉（奶渣做的干酪）和糖，加入适量的奶茶，搅拌，将其混匀成团，一个喷香的糌粑就做好了。

[注] 乔治·沙勒，1933 年出生于德国，后移居美国。他一直致力于野生动物的保护和研究，曾被美国《时代周刊》评为世界上三位最杰出的野生动物研究学者之一。他是第一个受委托在中国为世界自然基金会（WWF）开展工作的西方科学家。

三陽啟泰春無限
这可是很有特色的食物啊！

6 预调查

在才让本家吃过午饭，蒋伯伯便带领我们一起去开展野外工作了。不过，为了让我和小琪熟悉一下这里的环境，同时熟悉一下做科学研究工作的基本知识，在这下午半天的时间里，蒋伯伯只安排我们去一个小地点，作为正式开展野外调查的预调查。

才让本也跟我们一块儿去。春旺哥哥在这边开展野外研究工作期间，基本都由才让本做向导。他对青海湖周边都非常熟悉，人也非常勤快，是春旺哥哥的得力助手。

我们今天下午来的这个地方叫作元者，是普氏原羚的一个很小的分布区，就是我们在青海湖时蒋伯伯说的那个分布区。这里距我们刚驶过的国道只有几千米，但要走进这个分布区，还得经过一段难走的土路。我原本认为，在草原上开车可以随意驰骋，但这里的草原布满了铁丝围栏，车辆只能沿着一些简易的土路行进。这些简易的土路其实只是牧民放牧时踩踏出的通道，由于夏季雨水较多，路面坑坑洼洼，还有很多的积水，积水的地方十分泥泞，越野车经过时只能小心翼翼地行驶。

几千米的土路走到尽头，是一所牧民的房屋。李师傅把车停在房屋门口，我们便开始准备工作。

从这里出发，步行到分布区还需要半个多小时的路程。遵照春旺哥哥的指导，我们擦了防晒霜，戴上帽子，挎好望远镜，拿上 GPS 导航仪，背上背包，背包里放进一些水和干粮。

准备工作做好之后，我们便踏上调查之路了。在青青草原上，我和小琪欢快地蹦跳着前进，时而被绚烂的花朵吸引，时而被壮美的风景陶醉，不时地拿出相机拍照。

6.1 普氏原羚的食物

当我们走出很远之后，才发现蒋伯伯和春旺哥哥却似乎对美景毫不感兴趣，一边走一边与才让本谈论着今年的雨水和牧草。于是，我和小琪也收敛了兴奋劲，自觉地跟在三位专家后面，听三位专家的谈论。

才让本哥哥说：“今年雨水偏多，草长得比较好。”

“是啊，今年这草长得好，对牧民和普氏原羚来说都是好事。遇到干旱的年份，牧草还不够牛羊吃的，普氏原羚也就遭殃了。”蒋伯伯说道。

“蒋伯伯，我在收集资料的时候，了解到青海湖周围的放牧强度很高，我们今天怎么看不到牛羊呀？”小琪疑惑地问道。

“在夏季，牧民把他们的牛羊赶到了夏季牧场，这里是他们的冬季牧场，你看那边的高山上，是不是有很多白点？你用望远镜看一下，那是牧民放牧的帐篷，”蒋伯伯边说边用手指向不远处的高山，“到了十月份，牛羊就要从山上下来了，一直到来年的 6 月份都在冬季草场放牧。”

“到那时候，牛羊就要与普氏原羚争吃的啦。”春旺哥哥感叹道。

“那冬季普氏原羚为什么不跑到山上去呢？”我问道。

“这就是动物的习性问题了。普氏原羚喜欢在较为平坦的草滩活动，所以它也被称作‘滩黄羊’。它不像岩羊、盘羊等能在陡峭的山里活动。即使冬天牧草质量不好，放牧强度大，它们也不愿意离开平坦的草滩。我们人类也喜欢在平坦的地方居住，所以牧民的冬季草场都在平坦的草滩里。近些年来，青海湖周边人口增长非常快，过量的牛羊占据了所有平坦的草滩，这给普氏原羚的生存带来了极大的威胁，特别是在冬季。”春旺哥哥说道。

夏季牧场

冬季牧场

6.2 草原围栏对普氏原羚的伤害

说话间，我们不知不觉已来到一处坡顶。站在坡顶，视野一下子开阔了许多，方圆几千米尽收眼底。那远处巍峨的高山上白云悠悠，一张广阔的绿毯从山上一铺开，向四面八方延伸。绿毯上点缀着姹紫嫣红的野花，道路两旁还有几片油菜花正在盛开。倒淌河蜿蜒曲折，波光闪闪地流向西边的青海湖。碧蓝的湖水与蔚蓝的天空交相辉映，在天边衔接。

我和小琪完全陶醉在这大美的湖光山色之中。很难想象普氏原羚为什么不能很好地生存下去，还是春旺哥哥给出了解释。

“这里的草地算是好的了。其他的几个分布点，草场退化得就更严重了，基本上都变成沙漠了。但即使在像这样较好的草场里，也满是杀机。我们刚才来的一路上，是不是翻了一道又一道的铁丝围栏？普氏原羚在跳越这些围栏的时候，很容易剐死剐伤，在被狼追捕的时候，也给它造成了逃跑的障碍。我们在野外工作中，在围栏边上几米内发现的被狼捕杀的普氏原羚尸体最多。有时，我们也会发现剐死剐伤的其他野生动物。”

听春旺哥哥这么一说，我们才想起，来的一路上翻越了很多围栏。这些围栏差不多有我这么高，铁丝很硬，很难翻越，基本上都是春旺哥哥帮忙压着，我们才得以翻过。

“那为什么不把这些围栏拆除呢？”小琪不解地问道。

“这些围栏从20世纪90年代就已经开始拉建了，目的是方便各家牛羊的管理。青海湖周围的草滩里全是横七竖八的围栏，很多围栏的最顶端还有一道带刺的钢丝。许多人强烈要求拆除围栏。虽然做了很多工作，但是管理部门间的不协调导致一直无法实施拆除工作，甚至在去年的春天，又在旧的围栏边拉起了新的更高更硬的围栏，给本来就危在旦夕的普氏原羚造成了更巨大的威胁。”蒋伯伯无奈地说。

6.3 寻到普氏原羚的踪迹

站在坡顶，我们开始用望远镜寻找普氏原羚的矫健身影。

扫视一周，我们都未曾见到普氏原羚，只能看到纵横交错的铁丝围栏和密集的牧民房屋，以至于我开始对这里适合不适合普氏原羚生存产生了怀疑。

蒋伯伯说，这里人为活动比较频繁，普氏原羚非常警觉，数量又很少，大约只有四十只左右，所以要想见到它们还真不是件容易的事情。

“看那边！”春旺哥哥突然低声紧促地说道。

我们很快朝着春旺哥哥所指的方向望去，可是在高高的芨芨草丛中，我们只能看到腾起的热浪。春旺哥哥也不无失望地告诉我们，刚才确实看见了几只普氏原羚在草丛中逃窜，大概是因为看到了我们就逃走了。因为距离太远，草丛太深，一瞬间，就看不到它们了。

我们循着春旺哥哥看到普氏原羚踪影的方向继续前进，希望能够亲眼目睹普氏原羚的身影。

野花丛中闪过矫健的普氏原羚

草丛中的普氏原羚

6.4 采集粪便样品

一路上，我们没有再发现普氏原羚，但是我们看到了几坨新鲜的普氏原羚粪便。

一看到这些新鲜的粪便，春旺哥哥很兴奋。他立刻放下背包，取出一个白色的采样瓶，戴上一次性手套，半蹲在粪便的旁边，小心翼翼地把这些颗粒状的粪便拾进采样瓶内，并用记号笔在瓶子外面做好记录。

才让本在一边笑道：“‘史学家’又开始捡粪了，哈哈。”

“为什么要拾这些粪便呢？”我和小琪几乎同时不解地问道。

“唉呀，这些可是好东西呀！”春旺哥哥故弄玄虚。

“我们做野生动物研究的，特别是研究濒危野生动物的，很难采集到动物的样品，没有样品就很难更深入地去了解这种动物。”蒋伯伯解释道，“这些粪便给我提供了另外一条采集样品的途径。因为这些粪便在通过动物的肠道时，会带出少许脱落的肠道表皮细胞。把这些粪便样品带回实验室，我们可以用先进的手段把里面的细胞 DNA 提取出来进行分析，就可以得到很多有价值的科学数据。”

哇！这看起来很不起眼的一坨坨粪便也能成为科学研究的对象，真是太神奇了。

芨芨草

禾本科，芨芨草属。高大多年生密丛禾草，喜生于盐碱滩沙质土壤上。芨芨草冬季枯枝保存良好，特别是根部可残留一年甚至几年，春季返青后，生长速度快，可使芨芨草草场一年四季牧用。对于中国西部荒漠、半荒漠草原区，解决大牲畜冬春饲草具有一定作用。

6.5 落霞红遍天

很快，太阳开始西斜，蒋伯伯说，我们该打道回府了。虽然我们并没有看到普氏原羚的踪影，但这个下午，跟蒋伯伯和春旺哥哥学习了很多东西，对普氏原羚的了解也更进一步了。而且，我们还拾了不少新鲜的粪便呢。

“怎么样，小朋友？累了吧？”一回到车上，李师傅就打趣般地问我们。

“一点儿也不累！”我和小琪齐声道，虽然我们确实挺累的。

伴随着李师傅播放的音乐，汽车缓缓地向才让本家驶去。此时天色已晚，我们沐浴在落日的余晖里。晚霞在前方展开一幅壮美的画卷，似乎遥

远不可捉摸，又似乎近得可以触碰。车窗外，一弯新月早已从山那边爬上来，与群星一起争辉，并勾勒出周围群山的轮廓。连绵不断，深蓝的天空渐渐变得黯淡下来，百灵鸟儿也停止了鸣唱，回家看护幼小的孩子了。

回到了才让本家，叔叔阿姨已为我们准备好了可口的饭菜。大伙儿围着火炉，享受这静谧的夜晚。

饭后，阿姨拿出干净的床单被褥，为我们收拾床铺。我们这几天里都将在这里度过。

“This is the most highly threatened antelope species in the region…”

“这是青藏高原上最濒危的一种羚羊……”

—— David Mallon[注]，2001

[注]大卫·马龙，世界保护自然联盟物种生存委员会专家组主席。

▲ 角百灵

雀形目，百灵科，角百灵属。一种中等体型的深色百灵，分布于美洲、印度次大陆及中国西南地区，栖息于干旱山地、荒漠、草地或岩石上，取食昆虫和草籽。

7 野外调查进行时

早晨五点半，小琪捏住我的鼻子，把我从梦中弄醒。我睁开眼一看，蒋伯伯和大家都已经起床了。简单的洗漱之后，就着昏暗的电灯光，大家围在一起吃早点。早点是阿姨很早就起来做的油炸果子，黄亮亮的果子看上去很诱人，再搭配上一碗浓浓的奶茶，别提有多棒了。

吃完早餐，天色还没有亮敞开。李师傅擦去汽车风挡玻璃上的露水，我们带上阿姨给我们准备的干粮，向今天的目的地——湖东沙山进发。

路上没有车，也没有行人，只有我们这辆车在静静的即将拉开夜幕的草原上行进着。随着车灯光渐渐地变暗，天色便亮敞开了。当我们到达工作地点时，太阳才懒懒地从山那边爬起来。第一缕阳光开始透过薄薄的雾气洒向高原，透过晶莹剔透的露珠唤醒草原上熟睡的精灵。

顿时，草原上热闹起来了。

冬季的湖东沙山

7.1 普氏原羚种群调查

这是我们一天工作的开始。

有了前一天预调查的锻炼，我和小琪对野外工作有了大致的了解，对普氏原羚的生存环境有了感性的认识，感觉自己仿佛已经成为普氏原羚小专家了。

带上必要的工具，我们踏上了今天的调查旅程。

春旺哥哥拿出 GPS 接收机，循着 GPS 的指引，我们来到了调查样线的起点。从这里开始，我们将记录观察到的普氏原羚。

这个分布点草场沙化得很严重，有大面积

两种 GPS 接收机

的沙漠。据蒋伯伯说，普氏原羚通常在傍晚从沙丘里出来，在邻近的草滩里吃草、活动，并在这里过夜。到了第二天清晨，它们吃了含有露水的草之后，大概早上八九点钟，便返回沙丘里躲起来。我们的样线便设置在沙丘与草地的交界处，这是蒋伯伯研究组持续十几年监测普氏原羚种群大小所设的。从样线开始行进后不久，我们便看到沙地上有很多蹄印，有些蹄印已隔数日，有些还很新鲜。春旺哥哥把每一处蹄印的数量、大小、深浅、周围的环境等都详细地记录在笔记本上，用相机拍下照片，并用 GPS 接收机获得它们的位置信息。

春旺哥哥认真做科研的态度，感染着我们，也得到了蒋伯伯的赞赏。

知识链接

GPS

GPS 是 Global Positioning System（全球定位系统）的缩写。GPS 起始于 1958 年美国军方的一个项目，1964 年投入使用。其主要目的是为陆海空三军提供实时、全天候和全球性的导航服务，并用于情报收集、核爆监测和应急通讯等军事目的。经过 20 余年的研究实验，耗资 300 亿美元，到 1994 年，GPS 的全球覆盖率高达 98 %。

GPS 的应用非常广泛。在日常生活中，我们利用 GPS 来导航，如车载导航仪；在生态学的野外研究工作中，我们需要用 GPS 来定位我们所感兴趣的位置或区域；同时，GPS 也可为野外工作者提供导航服务。在一些研究动物迁徙行为的工作中，科学家会给动物戴上 GPS 项圈，项圈通过无线发射设备，向科学家提供实时的动物位置信息，在此基础上，就可以分析动物的迁徙路径等。现在，我国已经成功研制北斗卫星导航系统。

沙漠中的普氏原羚

普氏原羚的足迹

知识链接

野生动物种群数量样线调查

在野生动物种群数量调查中，样线调查法是常用的方法。具体的做法是：在野生动物的分布区，均匀或随机地设置几条线路，长度一般在几千米至几十千米不等，此即为样线。样线的设置要求具有代表性。调查者沿着样线行进，观察并记录样线两侧一定距离范围内的动物种类、数量以及其他相关信息。在调查时，要注意避免重复计数。获得这些基础数据后，再进一步计算，必要时可借助相关软件，如 Distance 等，即可估计出所调查区域内某种动物的数量或密度。

雌性普氏原羚

雄性普氏原羚

7.2 普氏原羚的哀伤

我们一边走一边谈论着威胁普氏原羚生存的原因。

“你们看，这里的铁丝围栏比元者更密更高。”蒋伯伯感叹道，“这些围栏也是从 20 世纪 90 年代开始建的。每隔几年铁丝就会老化，围栏就会倒伏，人们又会进行加固。你们看这些破旧的老围栏旁边，去年又拉起了一道新的更高更硬的围栏，而且都延伸到沙丘里了。在以往，沙丘里都没有拉围栏，现在牧民的牛羊多了，他们在想方设法扩大自己的草场。”

我们站在一个小沙丘上，放眼望去，围栏纵横交错，像一张杂乱无章的网一样，把草原及草原边缘的沙丘分隔得七零八碎。

沙丘上零星的几丛带刺的野草，在朝阳和微风中轻轻地摇曳着尚存的几片叶子。一只沙蜥被我们惊扰，慌不择路地逃窜，在沙丘边缘，迅速地滚下了沙丘。

草场上开满了艳丽的野花，一丛丛连成一片片，姹紫嫣红，宛如仙境。小琪甚是欢喜，蹦跳着跑向最艳丽的花丛边，采摘了一大束，攥在手里，放在鼻尖，陶醉地闻着浓浓的花香。

新旧围栏同时存在

“这是什么花呀？蒋伯伯。”小琪问道。

“这叫狼毒花，当地人也叫它馒头花，开得很好看，但它也是草原退化的象征。牛羊不吃狼毒花，结果整个草场都被它们覆盖了，尤其是在7月初，盛开的狼毒花连成一片，像毯子一样。青海湖周边随处可见这种野花，这里是最多的，而且每年都有扩张。”蒋伯伯回答道，“有意思的是，鼠兔会把这些狼毒咬下来，齐整地晾在洞口，等晒干之后拖到洞里，作过冬的棉被。”

“真是叫人痛心，同时又叫人感觉有趣呢。”小琪叹道。

走在草场上，露水打湿了我们的鞋袜，脚趾腻滑起来，但我们并不以为然。

▲ 青海沙蜥

蜥蜴目，鬣蜥科，沙蜥属。分布于中国新疆、甘肃、青海等地，常栖息于青藏高原干旱沙漠及草甸草原的沙地和丘状高地。

▶ 高原鼠兔

兔形目，鼠兔科，鼠兔属。鼠兔科在我国内蒙古、甘肃和青海分布较广。白天活动，常发出尖叫声，挖洞或利用天然石隙群栖。不冬眠，具有储备干草的习性。

▲ 狼毒花

瑞香科，狼毒属。多年生草本，丛生，头状花序。叶互生，无柄，披针形至卵状披针形。生长于草原和高山草甸。牧民们因它含毒的汁液而给它取了这个名字。狼毒花根系大，吸水能力强，能够适应干旱寒冷的气候，生命力强，周围草本植物很难与之抗争，在一些地方已被视为草原荒漠化的“警示灯”。

7.3 沙丘中的精灵

春旺哥哥说，翻过这个坡，我们很有可能会见到普氏原羚，它们经常会在那里活动。

我们都保持着安静，蹑手蹑脚地爬上坡，当我们的视线能看到坡的另一边的时候，我们立即发现了普氏原羚。6 只！我和小琪小声地惊呼起来。蒋伯伯和春旺哥哥也很兴奋，蒋伯伯立刻小声地说：“蹲下，别说话。”

其实，那几只普氏原羚已经发现了我们，幸好我们立即蹲了下来，并恢复了安静，这才没有导致它们立即逃跑。我们都拿出望远镜，对准那几只精灵的方向望去，真是太美了！在晨光中，它们的毛色异常鲜艳，呈棕红色，身体的线条非常优美，拖出长长的影子，映在旁边的沙丘上。由于我们的冒犯，它们还是紧张地四处张望，耳朵也还保持着竖立的状态，随时了解周围的威胁信息。这几只精灵原本在草地与沙丘之间的交错地带安闲地吃草，受到我们的惊扰后，警觉地望着我们的方向，并逐渐聚拢在一

起，犹豫着要不要逃离。在它们犹豫的时间里，靠东边的沙丘里又探头探脑地走出几只。

春旺哥哥数了数，“7 只雌的，4 只小的。”

这几只犹犹豫豫的精灵最终还是选择了逃跑，逃入地形复杂的沙丘里，遁入人迹罕至的地方躲藏起来。

我们站起身来。春旺哥哥从背包里取出激光测距仪，对准刚才那几只普氏原羚活动的地方，测量并记下了它们的警戒距离。他不无感叹地说：“这个地方的普氏原羚受人类的干扰最严重，它们的警戒距离也是最远的。这次我们能靠近 300 米，完全是因为这个坡的遮挡，要不是这个坡，普氏原羚在 500 米开外的距离发现我们就跑开了。

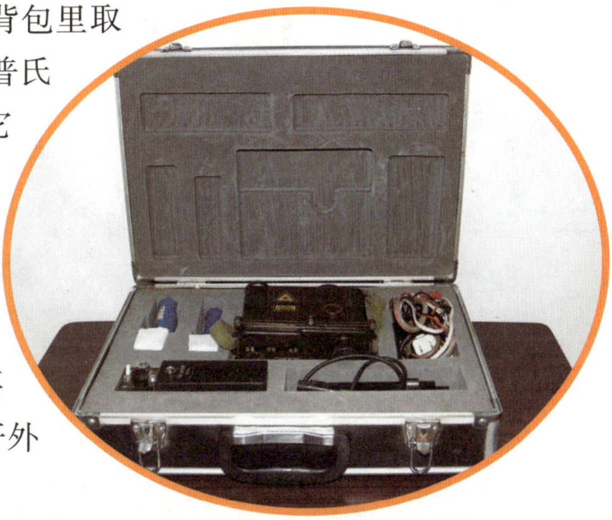

激光测距仪，用于测量远处目标的距离

小羊羔

雌性普氏原羚
雄性普氏原羚

7.4 母爱的无奈

继续前行，我们又在距离我们400米左右的草地里看到了一小群普氏原羚。2只母的，1只小的，那只小羊羔正在吃奶。透过单筒望远镜，我们清楚地看到，刚产下的小羊羔全身灰色，与它们妈妈的毛色相差很大，一双泪汪汪的大眼睛，灵动可爱。蒋伯伯说，小羊羔长得很快，一个月的时间内就能长到10千克左右，并会换上全新的“服装”，到冬天，它们与成年的普氏原羚就很难区分了。

我和小琪对这只小羊羔非常喜爱。看得出，蒋伯伯和春旺哥哥也格外关注这只小羊羔。

春旺哥哥说：“小羊羔是普氏原羚生存下去的希望。为了适应恶劣的野外环境，刚产下的小羊羔必须在几分钟之内站起来，否则就永远站不起来了。妈妈们也会催促着它们站起来，并舔干它们的身体，让它们吃上初乳。但是在分娩的时候，普氏原羚最容易受到狼的袭击。”

这3只精灵显然已经发现了我们，并在短暂的不知所措之后开始惊恐地逃跑。小羊羔奔跑的速度已经很快，紧紧地跟在妈妈的后面，蹦跳着逃跑，矫健得像弹簧弹起一样。前面的妈妈时不时地停下，回头看看自己的孩子，看看我们。孩子也跟着停下。另外一只母羊不停地奔跑，已经无影无踪了。

在确认我们还在监视着它们后，母子又跑开了。

不一会儿，在前面奔跑的妈妈腾地而起，纵身一跃，跨过了铁丝围栏，围栏的上方，划过一道优美的弧线。

受到惊吓的小普氏原羚

但孩子被无情的铁丝围栏阻挡了去路。

小羊羔使劲地撞向围栏，试图钻过去，但没有成功，还被卡在了围栏的两根铁丝之间。它奋力地往后扯，费了很大的劲，才挣脱了铁丝的缠困。跌跌撞撞的小羊羔又慌慌张张地沿着围栏来回跑动，不断地把头撞向围栏，甚至试图将头钻进围栏下方的泥土里，以寻找可以让自己的身体钻过去的地方。

这一切都看在我们的眼里，我们集体沉默，并为我们的到来引起这样的情景而感到羞愧。

这一切也都看在围栏那边的妈妈眼里。妈妈焦急地望着孩子，也紧张地望着我们，不知所措，无奈地看着自己的孩子与僵硬的铁丝围栏做斗争。母爱的力量使它坚守在原地，焦急的它在原地打转，一刻不曾离去。

约两分钟后，小羊羔又被卡在了两条铁丝之间。这一次，它没有退缩，而是奋力地向前拼命地冲撞，冲撞得铁丝围栏发出刺耳的声音。

小羊羔终于挣脱了束缚，惊魂未定，跌跌撞撞地跑向妈妈，跟随着妈妈一溜烟地跑进沙丘。

“不知道小羊羔有没有受伤。”小琪颤声地说。

7.5 羚羊星星的悲剧

蒋伯伯坐在沙地上，哀叹了一声，叹生命的脆弱，叹人类的残酷。

“这样的情景经常发生，都是围栏惹的祸。”蒋伯伯叹道，“我印象最深刻，给我最大触动的是2004年那一次。”蒋伯伯开始给我们讲故事了。

“那是在沙岛的分布点，冬天。当时我们正在开展普氏原羚繁殖行为的研究。我们穿着厚厚的棉服，戴着皮帽子、皮手套，坐在一个小沙丘坡顶，顶着寒风，透过单筒望远镜，观察普氏原羚的行为。

“在临近中午时，我们突然发现远处的草地上有异常的骚动，距离很远，无法看清。经验丰富的向导告诉我们，那可能是一只被围栏挂住的普氏原羚。

“我们丢下背包和仪器，迅速地向那边跑去。凛冽的寒风似乎要穿透我们的身体，稀薄的氧气使我们的呼吸更加局促，胸口像被刺刀割一样疼痛难忍，整个肺都好像要爆炸了一样。

“我们一路跑跑停停，终于近了。

被围栏挂着的普氏原羚

“果然是一只普氏原羚！一只成年的公羚羊！腹部被铁丝围栏牢牢地挂住。看到我们的到来，这只羚羊拼命地想挣脱铁丝围栏的束缚，地上的尘土被它的蹄子踢踏起来。烟尘笼罩着它，它仍在奋力地挣扎！

“我们一行三人慌忙跑上前，抱住它胡乱蹬踹的四肢和锐利的犄角，费了九牛二虎之力，才把这只桀骜不驯的羚羊从围栏上取下来。

“我们把它放在草地上，它挣扎着站起来，并试图逃跑，但没跑几步就一跟头栽倒在草丛中。我们立刻跑上前，把它按倒在地。经检查，它的腹部已经被铁丝勒出深深的一道血痕。

“我们果断地决定把它送到救护中心。我们也为它取了名字，叫‘星星’。

“可是三天后，从救护中心传来不好的消息：星星死了。解剖的结果显示，因为被铁丝勒的时间过长，星星的内脏出血过多。

“星星的死让我久久不能平静。这草原上的围栏，何时才能被拆除？何时才能把野生动物的家园原原本本地还给它们？我们做科研工作的人，只能根据研究的结果建议拆除围栏，至少得降低围栏的高度。但我们的建议一直因这样那样的原因而没有被采纳，老的围栏依然顽固保留在草原上，新的围栏不断地被建起来。”

蒋伯伯望着远方，沉思良久。

我们都保持着沉默，在沉默里哀伤，在沉默里反思。

7.6 心情的转变

初到高原，我们的心情多半是因为看到美景而异常高兴。但是，自己亲身的体验，蒋伯伯和春旺哥哥的讲述，让我们的心情变得沉重起来。从没想过野生动物的生存会有如此的艰难，而我们人类正是这些悲剧的始作俑者，我们该为此承担起责任。

在接下来的调查日程中，我和小琪明显地收敛了幼稚的兴奋劲儿，也把劳累和艰苦抛在了脑后，跟随着蒋伯伯和春旺哥哥有板有眼地学习如何调查野生动物的数量、如何研究野生动物的习性。

我们的认真态度得到了蒋伯伯的肯定。

7.7 小憩

蒋伯伯告诉我们，野生动物通常会在早晨和黄昏集中进食，其他时间以休息为主。因此，野生动物调查要选择在早晨和黄昏进行。我们的调查即是如此。每天早晨和晚上都会在同一个分布点调查，中午我们便在车上吃些干粮，然后躺在车里睡觉。

中午的阳光很强烈，但草原上徐徐吹来的微风沁人心脾。芳香灿烂的野花也诱惑着我和小琪不时地在车附近玩耍拍照。蒋伯伯也是耐不住诱惑，拿出随身携带的相机，给在围栏立柱上鸣唱的百灵和云雀拍照。没想到，蒋伯伯还是位水平高超的摄影师呢。

李师傅是位热心肠的司机，趁我们在嬉戏的时候，把一个大西瓜切好了。在青藏高原的草原上吃西瓜，真是别有一番风味。

▲云雀

雀形目，百灵科，云雀属。体型及羽色略似麻雀，背部花褐色和浅黄色，胸腹部白色至深棕色。栖于草地、干旱平原、泥淖及沼泽。

7.8 调查持续中

从春旺哥哥那里得知，普氏原羚的现存分布点有 12 个，总面积约 300 平方千米，涉及到青海湖周边的海北州（海晏县、刚察县）、海南州（共和县）和海西州（天峻县）。每次调查都要包括所有的分布点，而且为了获得可靠的数据，很多地点都要进行重复调查。此次调查也不例外。

在青海湖东北面的几个分布点调查时，我们都住在才让本的家里，但在其他地点调查时，由于相隔很远，我们不得不在另外一处藏民朋友家过夜。蒋伯伯和春旺哥哥在青海湖周边多年研究普氏原羚的同时，结下的很多藏民朋友为我们提供了很多的帮助，使得我们的野外工作能够顺利进行。

在这些分布点调查时，蒋伯伯和春旺哥哥不时地给我们介绍这些分布点的不同。由此，我们得知，虽然仅存的普氏原羚为数不多，分布范围非常狭小，但这些分布点被密集的人类活动隔离开来，成为相互隔离的分布点，即使在很近的分布点之间，普氏原羚的往来也受到严重的限制。比如，我们第四天去调查的甘子河分布点。这个分布点与相邻的哈尔盖分布点仅被青藏铁路隔开，铁路两边是 2 米多高的围栏，普氏原羚无法跳跃，只能通过哈尔盖河下的一个涵洞通过，而这个涵洞也并不是为普氏原羚的通行

青藏铁路将野生动物栖息地分割开来

而设计的，它是放牧的通道。这里的人为干扰很强烈，普氏原羚很少从这里通行。

不同分布点的普氏原羚面临的威胁不尽相同，分布点之间的隔离程度也有所差异。但是，大部分分布点的普氏原羚都受到强烈的人为干扰，而且，即使在政府严格禁止偷猎普氏原羚的情况下，仍有不法分子猎杀这些可爱的精灵。

此外，草原退化对普氏原羚的保护也提出了巨大的挑战，几乎所有的分布点都已退化，将近一半的分布点已严重沙化。近年来，青海湖周边的人口增长很快，相应地，牛羊的数量也比 50 年前翻了两番。过多的人，占据了青海湖畔越来越多的土地，过多的牛羊啃坏了青青草原。

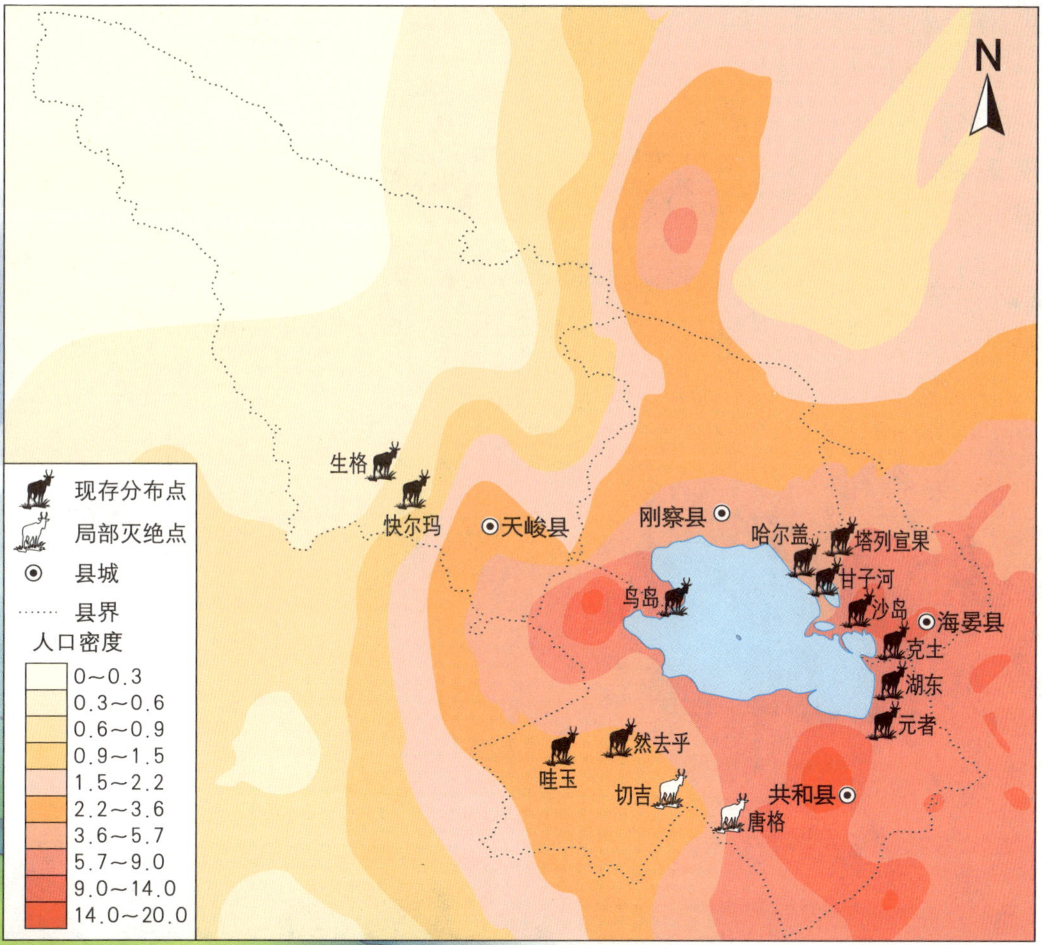

普氏原羚分布点及周边人口密度图

7.9 露营

在这些分布点中，草原质量稍好的要数天峻县的生格分布点了。这里位于大山深处，人口和牛羊密度相对较小。本以为，这里的普氏原羚会比别的分布点更为幸福，但是调查时的一个意外，让我和小琪都改变了这样的看法。

普氏原羚面对的是杀机四伏。

那是我们第十天在生格分布点调查。这里牧民的夏季牧场在更高的山上，春旺哥哥的一位藏民朋友德桑加哥哥把他的冬屋子借给我们住，他的冬屋子就在这个分布点的中心位置。

为了体验在野外露营，我们也在德桑加哥哥冬屋子的附近支起了几个小帐篷。

在草原上露营还是第一次。当夕阳的余晖逐渐被夜幕遮挡，天边的湛蓝逐渐变深时，繁星已经簇拥着一轮圆月，把冷艳的光辉洒向草原，洒向山川，洒向神秘的青藏大地。

7.10 脆弱的生命

夜里，我们睡得很沉很香。可是清晨临近之际，淅淅沥沥的小雨把我们唤醒了。

躺在帐篷内温暖的睡袋里，我们听到帐篷外面不远处一阵骚动，想必是什么动物在奔跑，并没有引起多大的注意。

等到天微微亮时，我们开始调查。令人惊奇的是在帐篷外不远处躺着一只被狼咬死的普氏原羚，它的内脏已经被掏去了一半。在尸体不远处的一处草丛里，我们发现一只刚产下的羊羔，在细雨中瑟瑟发抖。它看到我们，也只是微微地探了一下头，便有气无力地又蜷缩起来。

我们断定，它的妈妈一定是刚刚被狼咬死的那只。我们抱起这只小家伙，准备救护它。它身上的毛湿漉漉的，脐带还没干，带着母亲鲜红的血迹。

它睁开一双水汪汪的大眼睛望着我们，一点儿反抗的意思也没有。

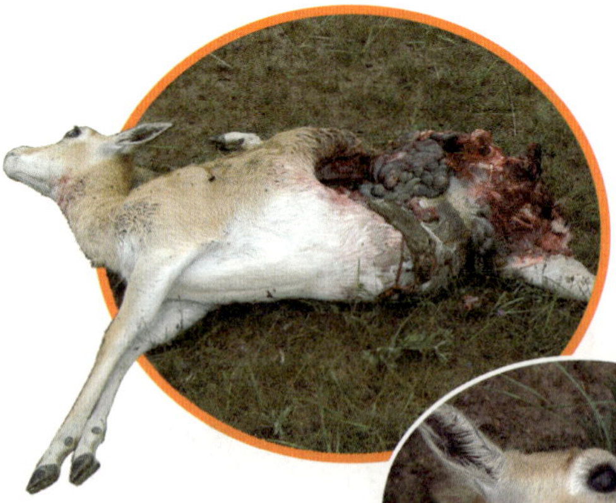

在我们的帮助下，它站了起来。我们还给它取了名字，叫“林诺”。

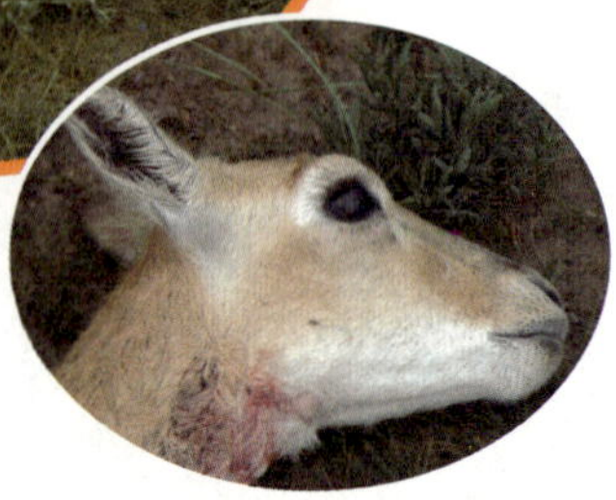

当天，我们便联系了距离天峻有一百多千米的野生动物救护中心，救护中心的吴老师以最快的速度赶到了生格，把这个孤儿带去了救护中心。

救护中心里的小羊羔

林诺被送去救护中心后，我们一直很关心它的状态，每天给饲养员老雅打电话，询问它的情况。

一星期后，我们最担心的事情还是发生了。老雅打来电话说，林诺死了，救护中心缺乏专业的兽医。

我们为林诺的死哀伤了很久。直到现在，每当想起它，还会为当时救护中心的条件缺乏而深感惋惜和痛心。

知识链接

狼在草原上的重要意义

狼在草原上有很重要的意义吗？首先，了解了下面的草原上的食物链你就容易明白了。

草 → 羊／鼠兔 → 狼

如果草原上没有了狼，草食性动物如羊、鼠兔没有了天敌，就会不断繁衍，将草吃光。这样，草原将会变成沙漠；没有草吃，草食性动物就会饿死；草食性动物没有了，狼也会灭绝。草原最终将没有生机。

狼在追逐草食性动物的过程中，草食性动物的体力都得到了发展，健康地存活下来，并产生强壮的后代，促进种族向良好的方向进化。

可以这样说，如果没有了狼，就没有了草原。

草原狼

8 野外工作的苦与乐

蒋伯伯说，从事野生动物研究与保护工作，可以尽情地享受亲近大自然的乐趣，但是，在野外工作时，遭遇突发性困难也是常有的事儿。比如，车子陷入沙坑，被卡在冰窟窿里，或者干脆坏在了路上，等等。在我们这次考察中，也遭遇了几次类似的情况。但是蒋伯伯、李师傅和春旺哥哥经验丰富，遇到情况沉着冷静，很快就把问题给解决了。有时，也会遇到一些难以跨越的小河或水坑，春旺哥哥就鼓励我们勇敢地跳过去。

春旺哥哥常常需要一个人来这边做野外工作，收集论文所需的野外数据。他说，一个人在这里开展野外工作，有时候也会感到很孤独无助，特别是在遇到困难却没有人在身边的时候。不过，在这个时候，你需要有一个非常好的心态，遇事不能急躁，要沉着冷静，想方设法把问题解决。当你最终把问题解决了时，你会感到非常的自豪，对这片可爱的草原又会增添更多的情感。

时值盛夏，整个草原五彩缤纷的野花正在盛开，看上去，就像仙女织就的美丽锦缎。高原的气温并不高，凉风拂面，让人感觉很是清爽。我们常在考察之余，躺在花丛之间，尽情地享受那鸟语花香。春旺哥哥常在此时给我们讲他的青海故事。

跨跃小河

李师傅在挖陷进沙坑里的车

汽车坏在半路上

春旺哥哥在挖卡在冰窟窿里的车

8.1 在沙尘暴中迷路

每年的春天，青海湖地区都会刮起大风沙，有时会是遮天蔽日的沙尘暴，春旺哥哥就经历了一次。

春旺哥哥说："那是 2008 年的春天，我第一次来青海湖。当时，我和一个师兄在青海湖南边的一个普氏原羚分布点调查，那是一片沙化的区域。

"到达调查起始点后，李师傅把车停好，我们就进入调查区开始调查了。由于是第一次去那里，对周围的环境不熟悉，我们起初认为调查区域不大，而且当时天气很好，所以进入调查区时没有使用 GPS 导航仪，也没有带干粮和饮用水。

“我们一路上没有看到普氏原羚，只看到严重沙化的土地和稀疏的荒漠植物。我们一直向深处走去，希望走得远些能看到这些可爱精灵的身影，但始终没有发现。

“更不幸的是，当我们走得很深的时候，发现天气骤变。原先是晴空无风，突然之间却刮起了大风。为了安全起见，我们决定立刻返回。但是大风裹夹着沙尘，立时昏天黑地，能见度不超过 5 米。我们迷失了方向，陷入混沌的世界。我们原本想一直沿着前进的反方向，就能抵达出发点。但是，事实表明，这是行不通的。在沙暴中，我们尽管努力朝着一个方向行进，但始终找不到起始点，我们多次尝试，多次折回，在沙暴中绕圈子。

“风更大了，裹着的沙子打在脸上，很疼很疼。鼻孔里，衣服里，甚至是胃里，全是沙尘。而且过快的风速形成的负压，让我们的呼吸变得越发困难，体温也迅速下降。而我们却像无头苍蝇一样，在沙暴中始终找不到目的地。

“我们累坏了。

“在沙暴中乱闯了很久之后，我们遇到一座小屋。就像遇到救星一样，我们兴奋地呼喊着。但主人显然不在家。我们走进屋子，看到炉子上热水壶里的水依然温热，想必主人家不会走远。于是，我们决定在这里等待主人的归来。为了不冒犯主人家，我们没有在屋子里等待，而是坐在他家羊圈的墙角里。

“等了很久，也看不到任何人，看来，主人在这样的沙暴天气是不会回来了。无奈之下，我们只好打电话报了警，当地的派出所很快派出搜救队伍。但是风沙太大了，警察也找不到我们的具体位置。

“就这样，我们在风沙中，无望地期盼着援救。

“快天黑时，我们接到一个号码陌生的电话，原来是李师傅，他的手机没电了，找到了附近的一位藏族朋友家里，这才给我们打通了电话。我们兴奋极了。我们给那位陌生的藏族朋友描述了我们所在的位置。

“很快，一位壮硕的藏族青年，骑着摩托车来到了我们跟前。这是我们的救星，他叫华清本。到了他的家里，他给我们倒了些热茶驱寒，慢慢地，我们才走出惊惶。

“离开华清本的家时，风已经小了很多，天上的星星已经依稀可见。

“但不久后，我们的车便在黑暗中陷入了沙坑。车上的工具显然无法将这个庞然大物弄出来。无奈之下，我们又给华清本打电话，请他过来帮忙。很快，我们便在黑暗中看到一束光，那是华清本的摩托车。在华清本到之前，警察又打来电话，说一直在寻找我们。得知我们获救后又陷入沙坑，警察很快向我们赶来。在各方努力之下，我们又很快被从沙尘中救出。

“此时已经很晚了，匆匆告别后，我们便踏上了回程。一路上，车里静静的，我想到了很多，被藏族朋友们感动得落了泪。我想师兄大概也是如此吧。”

8.2 赛马会

在这片大美的草原上研究野生动物，也是有着很多乐趣的。亲近大自然所带来的静谧自不必说，这片土地上那些可爱的人们更是给草原增添了活力与温情。

春旺哥哥消息灵通，得知恰巧在我们结束考察的第二天，倒淌河畔将举办一个大型赛马会，我们可以在回西宁的路上，到现场一睹骑士们的风采。

这天一大早，我们便来到了赛马会场。

草原上，已经聚集了数百人马。在赛马开始前，会有德高望重的僧人或长者祭奠祖先和神灵，祈求未来风调雨顺，人民安居乐业。

大约一个小时以后，赛马正式开始。观众们都挤在赛道两边，翘首以盼来自二千米以外飞驰来的骏马。每组参赛马匹都英武亢奋，奋力地疾驰而来，在身后扬起沙尘。不管是赢家还是败者，都在极力地追求速度的升华，在冲向终点的刹那间，给观众带来力量和速度之美的享受，赢得了观众热烈的掌声和喝彩声。

在大赛进行到一半的时候，突然刮起了大风，继而下起了大雨，但风雨丝毫没有减弱观众的兴趣，更无法浇灭参赛者的热情。在风雨之中，健硕的马匹依然奋力驰骋，在朦胧的视线中，我们看到的是参赛者的顽强和毅力。

在此次赛马会上，我们有幸认识了一位叫作尕加的僧人。他向我们介绍说，赛马会是草原人民最喜爱的大盛会，其意义远远超越了赛马本身。在赛马会上，人们告慰神灵，祈求来年的风调雨顺；长者们在一起计议今后的发展规划，年轻人在一起沟通感情，寻觅终生伴侣。

回首过去的10年，我们无怨无悔。

我感到高兴的是，我们不但探索了大自然的奥秘，为人们了解、保护普氏原羚贡献了菲薄的力量，而且，一批后起之秀，成为我们志同道合的朋友，为高原野生动物的研究和保护贡献青春与智慧。

——蒋志刚，2004

9 普氏原羚调查小结

二十多天的野外考察，我们一共调查了青海湖周边 12 个普氏原羚分布点，在每个分布点记录的普氏原羚数量不尽相同，它们所面临的生存威胁也有所差异。

调查就要结束了，蒋伯伯问："孩子们，这次野外考察有什么感受啊？"

"普氏原羚的数量太少了，它们的家园受到太多人类的干扰。"我和小琪都有同样的感受。

"嗯，我们监测这种羚羊已经有二十多年了，它们的生存一直令我们担忧啊。为了准确地了解它们数量和生活环境的变化，每次调查结束时，我们都要对调查的数据进行详细的分析。这样我们就能随时掌握它们的命运情况，及时采取保护措施。"

蒋伯伯让春旺哥哥带着我和小琪一起整理资料，然后对这次调查做一个初步的调查总结。

9.1 整理资料

在考察中的每天晚上，春旺哥哥都会将当天的调查数据输入笔记本电脑里。他一边输数据一边告诉我们，在野外调查过程中，要养成随时整理数据、分析数据的好习惯，这样才能及时地发现问题，解决问题。

在春旺哥哥的带领下，我们对这些天来所获得的调查数据进行汇总，使用生态学的专业软件计算各个分布点普氏原羚的数量，并对不同性别、不同年龄的数量进行比较。同时，根据我们每次发现普氏原羚时定位的GPS位点，利用地理信息系统软件绘制普氏原羚的种群分布图。结合每个分布点的环境情况、人类活动情况等，对普氏原羚目前受到的威胁进行分析。

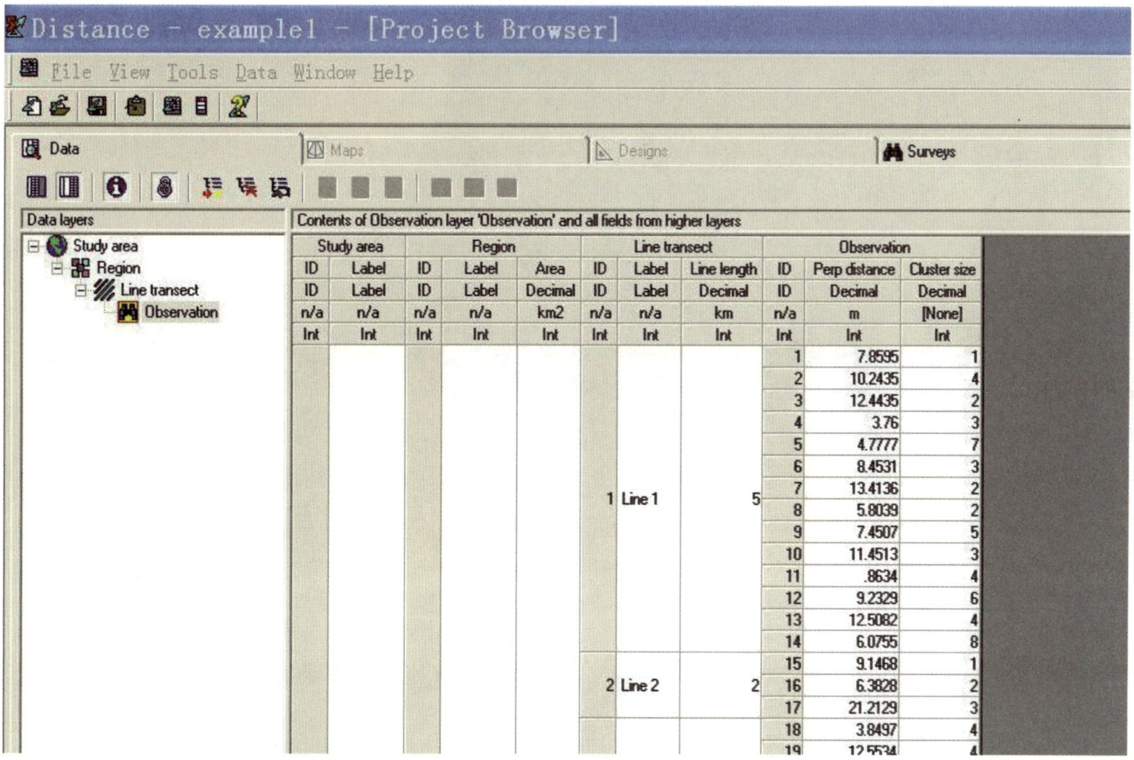

用专业软件计算每个分布点普氏原羚的数量

数据分析刚刚结束，春旺哥哥说：“北京北海子麋鹿苑里有一个世界灭绝动物墓地，为过去的 300 年来每种灭绝的或即将灭绝的动物立了一块石碑。”

“我知道！”我抢着说，“我和爸爸妈妈去参观过。”

“我也去过。”小琪说。

“见到过普氏原羚的石碑吗？”春旺哥哥问。

“没注意。”我和小琪摇摇头。

“普氏原羚的石碑快要倒下了，被后面的一只大手雕塑挡住了。预示着普氏原羚濒临灭绝。”春旺哥哥顿了顿，接着说，“但是如果我们采取有效的措施，普氏原羚还是有希望在地球上长久生存下去的。”

9.2 调查初步结果

在结束调查的当天晚上，我们和春旺哥哥一起向蒋伯伯汇报了此次调查的初步结果。

依据此次调查数据进行初步计算发现，普氏原羚的数量大约在 1 500 只左右，分布在青海湖周边的 12 个分布点。这些分布点的普氏原羚不能相互迁移，因为分布点之间存在很多隔离因素，比如道路、围栏和居民点等，有些分布点之间也相隔很远，甚至超过 100 千米。

普氏原羚种群调查结果

调查地点	种群总数（只）	成年个体数（只）	幼年个体数（只）	分布区面积（千米²）
元者	50	41	9	4.7
湖东	101	77	24	8.0
克土	88	62	26	11.2
沙岛	105	80	25	11.9
甘子河	436	300	136	90.7
哈尔盖	237	167	70	10.4
生格	141	104	37	10.9
快尔玛	172	129	43	7.5
哇玉	88	62	26	54.7
三角城	0	0	0	0
塔列宣果	63	53	10	5.0
鸟岛	27	21	6	5.0
然去乎	36	27	9	20.0
切吉滩	0	0	0	0
唐格木	0	0	0	0
总计	1 544	1 123	421	250.0

根据此次调查所得出的结果，普氏原羚的数量看似比 2003 年（602 只）多。但是，我们这次的调查比 2003 年那次调查的范围更广，对普氏原羚分布区更熟悉。因为，在此前一段相当长的时间内，我们都在青海湖周边考察普氏原羚，还发现了以前没有报道的分布点。在这次调查中，就包括了之前发现的 3 个分布点——快尔玛、哇玉、然去乎。而这 3 个分布点普氏原羚的数量占了总数量的三分之一。可见，此次调查结果显示普氏原羚数量有所增长的一个重要原因是调查的范围更大，调查的强度也更大，我们对普氏原羚的熟悉程度也更深。

不过，这些年的保护措施也起到了一定的作用。具体体现在，受到保护的或当地居民保护意识较强的分布点，普氏原羚的数量增长较为明显。比如甘子河与哈尔盖分布点。

但是，威胁普氏原羚生存的因素依然存在。有三个历史分布点已经没有普氏原羚的分布了，这三个分布点分别是青海湖北边的三角城、青海湖南边的唐格木和切吉滩。这三个分布点的人为干扰较强，草场质量也退化得十分严重。还有几个分布点，比如鸟岛分布点，也因为草场退化等原因，普氏原羚的数量明显下降。由此可见，普氏原羚的生存前景仍然堪忧。

汇报结束，大家都沉默不语，大概都在为普氏原羚的生存前景担忧吧。

“你们总结得很好嘛！说一说有什么收获。”蒋伯伯打破了沉默。

“我真是太有收获了！我们跟蒋伯伯和春旺哥哥学习了很多，收获了很多。不仅仅是动物学知识，还有对待自然的态度、野外生存能力、意志力等。我们还与当地人交了朋友。”小琪感慨地说。

是啊，野外科学考察固然辛苦，也不乏孤独与危险，但是遇到困难要不言放弃，只要坚持，克服困难，就一定会有收获。我相信，对未知的探索，将一直指引着我们前行，为我们认识自然界的奥秘提供无穷的动力。

从普氏原羚艰难的生存状况，我们看到了人类与自然的冲突。我们每一个人都对自然环境、对大自然中可爱的精灵有保护的责任。

在紧张繁忙的野外工作中，我们体验到了科学工作的无穷乐趣。普氏原羚家族成员之间体现出的依赖与亲情，我们克服困难后体验的成就感，与大自然亲密接触中感受到的大自然的美，甚至大自然所表现出来的狂野，都使我们激动不已。

大自然有时狂野，充满神秘。然而，狂野之中却不乏温情，温情之中饱含诗意。

9.3 保护普氏原羚刻不容缓

普氏原羚仅分布在中国的青藏高原，而且仅局限于青海湖周边的十几个分布点，数量只有一千多只。这一可爱动物的未来如何，实在是难以预料啊。

不过幸运的是，自从蒋伯伯研究团队开始关注普氏原羚以来，这个濒临灭绝的高原精灵逐渐受到社会各界的深切关注。

目前，已建立的青海湖国家级自然保护区积极开展普氏原羚保护工作，取得了初步的效果。

- 青海湖国家级自然保护区管理局成立了野生动物救护中心，加强对野外伤、病、残普氏原羚的救护工作。
- 加大了环湖巡查和行政执法力度，不断向青海湖周边地区的农牧民群众宣讲普氏原羚的保护。
- 去除带刺部分围栏、降低围栏高度、建立试验通道、扩大普氏原羚活动区域，使普氏原羚有一个宽敞的活动区域和觅食区域，使种群之间相互接触，减少近亲交配、提高繁殖能力。

- 建立饮水点，使普氏原羚在一年四季都能够正常喝到清洁的水。
- 在取食点和饮水点投放口服药物，减少寄生虫和其他疾病的蔓延。
- 开展社区共管和协议保护工作，形成当地各级政府、保护区和社区以及农牧民群众共同保护普氏原羚的新局面，变被动保护为主动保护。

尽管近年来，普氏原羚的种群数量有所恢复，但它仍处在濒危状态，加强普氏原羚的保护工作不容懈怠。

但愿在我们共同的努力保护下，普氏原羚的明天会更好。

当地牧民自发组织为普氏原羚建饮水井

每只救护来的精灵都是护理员老雅心头上的一块肉

2004 年在青海西宁举行的拯救普氏原羚国际研讨会

普氏原羚的期盼

吴永林

在很久很久以前，
我们的祖先就生活在青海湖广袤无际的草原上，
生活了几百年，甚至几千年。
在一百多年以前的1875年，
我们终于有了自己的名字——普氏原羚。
那时的我们，
无忧无虑、自由自在、生活美满、代代相传。
20世纪60至80年代以来，
随着人类社会的发展，
我们一个大家庭分割成了十多个小家庭。
家庭状况每况愈下，极其艰苦。
狼是我们最大的天敌，吞噬了我们无数的同伴；
围栏是我们生活当中最大的障碍物，
阻隔了我们正常的生活规律，
改变了我们的生活方式。
家园的不断缩小，各种食物不断减少，
直接影响着我们的生存。
因此，我们与人类的关系越来越遥远。

家畜围栏、天敌的伤害，
家园的缩小、缺水、缺少食物，
同伴数量的减少等一切不利因素，
改变了我们的生活习性和生活规律，
我们的数量减少，几度濒临灭绝。
我们怕狼、怕人、怕围栏、怕家畜……
什么地方是我们的天堂？
我们需要生存！
什么地方有我们的梦想和希望？
我们需要食物和水！
什么地方有我们的期盼？
我们需要繁育生息！
目前，我们虽然没有什么好的生存环境，
但是，我们依然坚强地生活着。
因为，还有热爱自然的人们，
还有善良的人们。
同伴之间虽然只能相望不相聚，
但是我们还有梦幻。
目前，我们虽然没有安详、美好的家园，
可是我们对生存的希望依然没有失落，
我们还有期盼、希望和未来。
对于过去，我们无从选择，
对于未来，我们正在艰苦期盼。
因为，人类毕竟是我们的朋友，
他们会还给我们一个温馨的家园，
他们会解除我们生活当中的致危因素。
我们希望与人类和谐相处，
我们要和人类同在，
与人类永恒。

10 科学家寄语

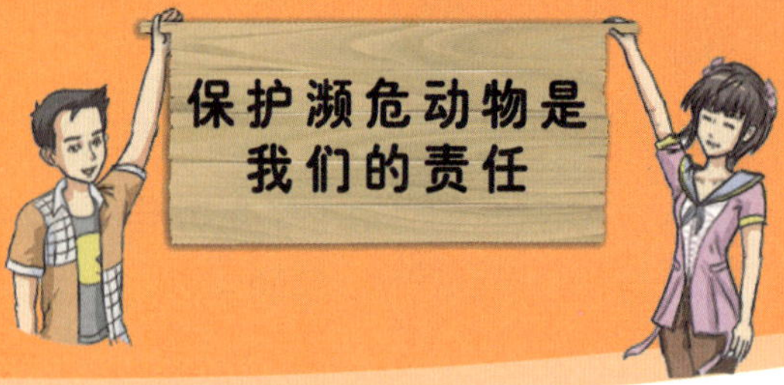

亲爱的少年朋友们，你们好！

青海的草原风景秀丽、空气清新。当我们望着蓝蓝的天与青海湖相接在地平线、当我们看到羚羊在广袤的高原上吃着嫩嫩的青草，我们多么希望人们不要打扰生活在这块安静的土地上的羚羊。然而，为了生存，牧人带着羊群、牛群来了，普氏原羚面临着从地球消失的危险。

我们是科学工作者，我们的责任就是要研究和保护濒危的野生动物，还它们在地球上生存的权利！亲爱的少年朋友们，你们热爱动物吗？你们希望它们与我们一起生活吗？你对动物学感兴趣吗？我们相信，你们都热爱科学、热爱自然，你们当中，一定会有人成为未来的动物学家！

少年朋友们，学一门、爱一门、专一门，这是我们学业、事业成功的关键。只要有了既定的追求目标，有吃苦耐劳的精神，就能从艰苦的追求中获得成功，从成功中获得乐趣，就能深刻地体会到人生的价值。你们的精力是旺盛的，你们的前途是灿烂的，相信你们在自己不懈的努力下，不仅会在学习上取得进步，将来更会成就一番伟大的事业。

蒋志刚教授

科学基于兴趣，科研事业是一个富有挑战性的职业，少年朋友们，你们愿意加入到我们的队伍中吗？

春旺博士

研究小组部分成员

后记

作者李春林，1985 年 2 月生于安徽六安。自 2007 年起，师从我国著名动物生态与保护生物学家蒋志刚先生，2012 年 7 月毕业于中国科学院动物研究所，并获得生态学博士学位。

李春林长期从事野生动物生态学和保护生物学研究，对 IUCN 濒危物种、我国 I 级特有保护动物普氏原羚进行了长达五年的研究，发表研究论文若干篇。从行为生态学、保护生物学和景观生态学等多个角度阐述了普氏原羚的生态学问题，并从个体、种群及整个青海湖地区生态系统等多个层面探讨了保护普氏原羚的科学途径。

作者热心科普，在科学研究考察的间隙常提笔写作，为这本书倾注了极大的热情。

谨向为本书提供素材、照片的单位和人士致谢。编辑已尽力查寻照片来源，但仍有几张照片未能查明出处，谨此致歉；请有关人士或机构致函本社，以解决有关版权问题。

李春林博士